主编/

庄葵 艾侠

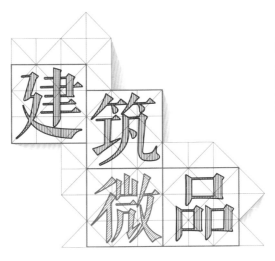

U0188201

上海科学技术出版社

图书在版编目（CIP）数据

建筑微品 / 庄葵，艾侠主编 . —上海：上海科学技术出版社，2017.5

ISBN 978-7-5478-3252-3

Ⅰ . ① 建… Ⅱ . ① 庄… ② 艾… Ⅲ . ① 建筑 - 文集 Ⅳ . ① TU-53

中国版本图书馆 CIP 数据核字（2016）第 223850 号

建筑微品

主编 庄葵 艾侠

上海世纪出版股份有限公司
上海科学技术出版社 出版

（上海钦州南路 71 号 邮政编码 200235）

上海世纪出版股份有限公司发行中心发行

200001 上海福建中路 193 号 www.ewen.co

浙江新华印刷技术有限公司印刷

开本 787×1092 1/32 印张 8 字数 120 千

2017 年 5 月第 1 版 2017 年 5 月第 1 次印刷

ISBN 978-7-5478-3252-3/TU · 235

定价：62.00 元

写在前面

　　建筑微品缘于一个简单朴素的愿望：即便是面向城市主流建筑的设计工作，我们依然需要对当代社会和文化现象不断地进行内省和反思。

　　时常让我们困惑的是：就当代建筑学的成就而言，中国已不乏获得普利兹克奖和阿卡汗建筑奖青睐的优秀人物，但在光芒四射的明星现象背后，仍掩盖不住专业圈层整体思考的迷茫。建筑学本身是一门批判性的学科，它并不屈从于政治意图和商业谋利。而在中国城市化的进程和市场化的膨胀中，建筑师有时会比较被动地成为利益嫁接的专业工具，当然，在世界范围看亦如此。

　　事物终有两面。2014 年后，中国民用建筑设计市场的不断萎缩，导致很多设计公司开始减员，更重要的是我们不得不反思一些东西。建筑微品最初是作为一个公众号发起的自媒体，它集中于 2014—2016 年以 CCDI 主创建筑师圈层为主体、辐射到行业链的一系列原创思考记录。每期一位轮席主编，以邀稿的形式，汇集短小精炼、原汁原味的笔录。如今，我们从互联网回归，从 120 多篇短文中精选出 57 篇，其中大多数作者并不来自 CCDI，但他们代表了一个以大型设计机构为模糊边界的思考生态圈。我们发现，这个生态圈生机勃勃，不断延展。

祝愿这群原创作者们在自己的职业生涯上越走越自信，也祝愿这本新鲜的小册能够得到建筑之外的公众的喜爱。几十年后回看，它也是一个关于建筑师时代的心绪标本。

庄葵　艾侠

2017 年 4 月

目录

01

建筑好比诗，

通过建筑特有的『语言』，

用『形式』精确呈现，

最终的结果

没有『之一』。

—— 朱雄毅 ——

第一期轮席主编

—— 王照明 ——

第九期轮席主编

精确性

● 朱雄毅

  1929 年，柯布西耶以"精确性"为题，集结"南美之旅"的演讲稿成书，把现代主义的思想带到新大陆。书中充斥着对精准、光洁的机器美学的赞美。也许我们可以展开大胆的设想：新大陆的阳光、空气、风土、文化、身份、社会等的差异刺激了大师对建筑、城市问题的重新思考，进一步拓展现代建筑的材料、形式语言；"纯粹主义"的精确立方体转变成为更为复杂、原始、由意愿驱动的主体感受，成就他晚年作品的不朽。

  2012 年末，历时 2 年，累计报名方案达 150 个，前后历经三轮遴选的国家美术馆新馆设计竞赛尘埃落定，最终法国人让·努维尔折桂。中选方案没有在社会意义上做半分的纠结，以一个艺术家的直觉，取石涛"一画"的理念，"一"笔下去，"墨分五色"，把握分寸，精准传递出中国书法及水墨画的独特意境，妙不可言。通过石材、玻璃以及一些新型材料的选用，充分利用材料的反射性、半透明性，让"立体一"的设计方案充满变化和流动。大师用一种书写的方式，艺术性地"产生强烈的文化认同"，创出"瞬间永恒"的意蕴。

两轮调整之后，多方意见综合，"黑"由浓变浅，"墨"份少了，"水"份多了，原来期待的"黑"里面的"黑"不再，画面层次变得单薄。也许是先入为主吧，见过"黑"之后便不再期待"白"。

建筑好比诗，通过建筑特有的"语言"，用"形式"精确呈现，最终的结果没有"之一"。

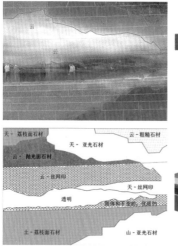

木的诗意

● 王照明

《素问·玉机真脏论》:"东方,木也,万物之所以始生也。"

木有五德:具温润、匀质地、声舒畅、并刚柔、自约束。古人用简练的语言概括了木的性格特征,还被儒家用作对君子品行的要求。古人对于木的喜爱可见一斑。

当代社会,大量工业材料制品广泛在日常生活中使用,其快速、低廉、可复制的特性成为社会主旋律。在这种情况下,木头作为一种有灵性的材料,更显得与众不同。很多优秀的设计师仍热衷于设计木质的作品,他们努力挖掘隐藏在木头中的智慧,塑造新颖的外表,赋予其独特的魅力。在建筑世界,水泥、钢材、石材质地冰冷,唯有木材游离于外,赋予我们对自然的原始想象,讲述生命中某些重要的主题。这些作品各自存在于不同的领域,却都透露着对事物和生命的热爱,情感于木的纹理之隙蔓延开来,日常生活与岁月痕迹纠缠其中,木器之美,万物之所以始生。

西班牙设计灯饰品牌 LZF LAMPS 以切削成

薄片的原木材质，变化出优雅细腻的唯美线条，利用多变的颜色与透明度表现出温暖质感与自然清新的空间氛围，木材以一种没有质量的状态重塑出生长的意向。

这是 Enzo Mari 为 DANESE 所设计的 EDITIONS FOR CHILDREN 系列积木，是兼具拼图与猜谜要素的产品。以一块木板切割而成的 16 种动物的轮廓，离合产生无穷无尽的故事，通过容易识别和富有特征的形态（驼峰、象鼻、长颈鹿脖子）与抽象元素（几何和补充形状）之间细腻和平衡的关系来激发孩子的感知和想象。

伊东丰雄：超越现代主义的实践

● 尹毓俊

从早期白色 U 宅到仙台媒体中心，再到近年的实践，伊东的实践经历了巨大的变化，无论空间形态上从规整到后期的自由、圆滑，还是功能布局上从清晰到后期的模糊暧昧，都反映了伊东的实践从现代主义的束缚中得到了解放。但是纵观整个伊东实践发展的轨迹，便会发现这一系列的突变并不是偶然的、无根的。早期的伊东便深受新陈代谢运动的影响，虽然其早期建筑实践仍然局限于现代主义的经典思想当中，但很早便提出建筑在信息化的社会应该有别于在现代主义时期所在的社会所呈现的特征。因而从风之塔的设计开始采用先进的电子技术和幕墙技术，反映风的流动的形态，到后来抛开形式的约束，运用电脑算法生成形态，运用模拟软件对建筑进行空间推敲，运用分析软件对结构和施工进行模拟等，都映射出伊东并不拘泥于一成不变的风格，而是不断变化去适应我们信息化和消费主义时代的特征。

在伊东的实践中，所有的技术都是实现空间的手段。对于技术的应用可以让建筑师的想象力得以发挥，实现非一般的形态，而这些都让建筑师从现代主义的局限中解放出来，功能之间不再明确，建筑的元素——墙、柱、楼板的关系变得暧昧，而空间变得具有动态特质。而这样的空间，也许是我们的时代或者未来之于现代主义时期的社会差异的反映。

亲近户外与触及天际同样重要

● 王照明

一边在为城市的公共性放声呼喊，一边在经济的杠杆上拼命摇晃。投资和营销主体共同引导的市场准则之下，人性的需求将以何种姿态投影在普世的"教典"之上？

隔阂

考虑到当前的环境、社区和工作场所的价值，传统的高层建筑受到数种弊端的束缚。建筑堆积式的楼层包裹在不可渗透的外壳之中，传统高层建筑的整体模式限制了使用者之间、建筑与建筑之间、建筑与周边的自然和城市之间的互动性。僵化和密封的建筑体系缺乏充分利用周围自然资源的机会。

中心核的结构系统形成了不透光的黑色区域，打断了视觉和空间连通性，建筑进深扩大，被迫采用人工方式解决采光和空气循环需求，表皮一方面为了获得开扬的自然资源而极尽的透明，另一方面为了获得稳定的人工环境而极尽的封闭，垂直运输系统的低效率造成日常使用中频繁地出现超负荷的状况。相对稳定的空间如同不断被填充密度的鱼缸，无论怎样改善内

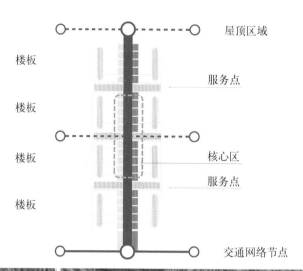

屋顶区域

楼板

服务点

楼板

核心区

服务点

楼板

楼板

交通网络节点

部的环境，边界早已被固定。可以说，传统的高层建筑阻碍着当代公司非常重视的视为创新基础的沟通、互动、资源共享的社群形成。

工作场所能够传递出不同的环境信号，对使用者的心理情绪、交流方式、工作状态有着直接的影响。很多在多层园区型建筑内办公的人，对这类空间赞赏有加，究其原因，是多层建筑更容易产生拉长的室内动线以及更为简易可达的室外边界，也就意味着偶然性交流空间的植入可能，这与高层建筑追求效率和极短动线的设计思路完全不同。这些需求随着移动科技的普及越发的旺盛，工作业务的开展也不再依赖传统办公桌所集成的工具，效率更多源自于思考点子，而不是比拼体力。

探索新模式

渗透型建筑提出了一种新的模式，通过改善升级而不是革命，将当前高层建筑面临的环境、社会、创新型企业模式重新构思了一个灵活的对策。将与人类交流互动相关的内外空间适度渗透到高层建筑核心区域，并定义与此区域相关的共享方式。这种模式源自于传统低层办公建筑中形成的场所文化，经过横跨十多年时间一系列早期项目发展而来，并将关于未来工作场所和城市模式的当前思考结合在一起。

标准的现代化高层城市塔式建筑，底部含有具备公共和城市功能的裙房，剩余的竖向体量专用于内部功能组织，但塔楼的使用者往往被隔绝和封闭。渗透型建筑的核心概念是保持建筑在多个维度上的开放性，避免成为城市高空中的一座座孤岛，在满足传统地面交通系统的对接外，还提供了顶部、楼身及内部楼层间连接可能，定义多个"热点楼层"，将日常必需的功能植入其中，将高密度城市氛围中自然发生的能量、偶然的交流及动态的活力引进到高层塔式建筑的内部，使人们能体验到朝气勃勃的、技术先进的、流行及城市文化的延伸的综合式工作场所。

02

城市舞会

城市，

人类聚集的产物，

芸芸众生的周遭，

我们以各种目的和方式改变着它，

或被它改变。

— 朱翌友 —

第二期轮席主编

「我们」与城市

—— 建筑师、开发商、规划者、大众在城市发展中的角色扮演

● 朱翌友

城市，人类聚集的产物，芸芸众生的周遭，我们以各种目的和方式改变着它，或被它改变。"我们"，有多种取样标准，在此，笔者尝试以建筑师、开发商、规划者、大众四种身份拆分"我们"，换些角度，聊聊城市；透过城市，看看"我们"。

建筑师与城市：不懂 Excel 的建筑师很多，不懂 PS 的建筑师不常见。

在中国城市建设的庞大体系中，建筑设计处于实施规划决策的末端环节，但建筑师的雄心远未止于此。如今建筑师喜欢扩大问题的边界，早已越过"头痛医头、脚痛医脚"的阶段，"脚痛"至少把全身探个透，还有往旁人身上摸一遍的冲动。

擅于画图但不擅于算数的建筑师们，发挥着他们的文艺特长，对文化、历史、民生等凭"感悟"就能操控的元素偏爱有加，成为他们成功说服自己、努力说服别人的切入点。相对城市设计的结果，建筑师更留恋设计的过程。他们热衷于通过分析海量城市信息以发掘项目个性。

建筑师的城市设计成果以图像占主体，图表、数据篇幅有限（如果有的话），最常见的是PS场景，并有PS的人物活动越来越占据图面主角之势，建筑师们用PS图片求证所设场所的存在价值。

在拥有权力、理论上改变城市的规划部门和拥有资本、实际上改变城市的开发商面前，拥有思想的建筑师意象上改变着城市。

开发商与城市：时势造"英雄"，英雄造"城"

与建筑师的游离发散不同，擅于算数不擅于画图的开发商们更愿意用自己熟悉的词汇描述题设，希望尽量收缩问题的边界，尽力把"全身不适"追溯成"脚痛"。他们不迷恋充满变数的过程，而是直奔结果。开发商有理由断案——他们掌握着大量市场的数据，及在残酷竞争后仍能坐在这讨论"造城"的市场经验。

研究"造城"的程序常是：开发商在历经多回合的发散式探讨后，决策思维聚焦到：我们卖过什么？这片城区能容下多少我们卖过的？

剩下的卖什么？要最大减小"卖什么"的风险，"复制"被认为是最有效的方式：复制别人或自己的经验，批量生产出一批批共性鲜明的项目。"共性"，这一建筑师的无奈，开发商倒乐见其成，并赋予堂皇的标签：产品。当研究成果到达"产品"的境界，开发商们松了口气。

近期，这类产品的一个诱人模式是：城市综合体。是的，综合，什么都可以在里面卖，风险被稀释，利润在微妙的比例平衡术中最大化。更妙的是，"综合"带来的表象的"多样性"与城市自然生长呈现的多样性几分貌似，负责任的开发商更进一步深究自然状态下的城市风貌及背后的逻辑，以更真实地描摹……

规划部门与城市：天堂与凡间的距离，约等于规划图与施工图的距离

与建筑师、开发商以"三边"状态认知城市不同，与城市打交道是规划部门的本职。他们掌握大量有关城市的真实数据，不用纠结于"治头"还是"治脚"——"全身经脉"都是他们案上作业。擅于算数、能够画图的规划师从

容审视着挂在墙上的规划蓝图。

这样的从容没持续多久，很快被"速度"打败。太快了，发达国家以百年计的历程才实现的现代城市辉煌，我们以十几年、甚至个位数年就展现了——也意味着，别人出现的慢性病，在我们这急发了。有关城市病在此不赘述。

令人欣喜的是，我们的规划者并不束手无策。事实上，高学历、高素养的规划者正越来越多地出现在规划部门，他们有见识，大量接触发达国家流行的城市规划与管理理念。但是，武装完头脑后，规划者们发现他们的手段落后了。目前为止，我们的法定规划成果，依然是法定图则 + 指标，即各种"退线"各种"率"，这种 20 世纪中期形成的以限"量"为重点的掣肘，不仅在传递规划者 21 世纪的思想时十分苍白，而且面对一些新的课题（如立体开发、城区更新等）也有各种不适。

可见，规划者在当代城市课题面前，一个急迫任务是改进行使权力的工具。不能如眼下，规划者心中有描绘城市的雄伟乐章。无奈只能用手语表达。

大众与城市：生存者，适！

大众，大众，多少精英借汝之名以行。

于是，对于城市里的大众，不同角色有不同描述：在建筑师眼里，大众热衷于上至半空平台、中至密且窄的街巷、下至下沉庭院，扎堆表演活力；开发商认为，大众的精神需求非尊即霸，物理需求非精即大，并致力于占各种便宜；在规划部门那儿，大众在停车场停车，走斑马线过马路，坐从 A 点到 B 点的公交，按规划密度聚散，是标准的行为符号。目的决定角度。

当各城市的大众们都坐同样标准的公交，穿过比例相同的小巷，到商场产品前的下沉广场齐跳广场舞时，城市迎来的是它的新起点还是大结局？

建筑师、开发商、规划者与大众，以不同角度认知城市，并借由城市关联在一起。按行文潜规则，结篇总有一折中性质的收场，那可以说：城市，是一锅"粥"，味道就在它的杂、乱、繁，与熬……

设计的竞赛，设计的弹性

● 艾侠

2013 年 4 月，在中国浙江富饶的温州市，针对一座商业综合体项目（永嘉世界贸易中心），上演了温州历史上第一场完全由国外明星事务所参加的概念方案竞赛，在当地引起较强烈的关注。

说回项目本身，开发地块位于温州永嘉三江半岛，瓯江与楠溪江交汇处，与市中心鹿城区一江之隔，有七座桥梁连接周边地区。温州多山、多水、少地，难得的半岛地形更是弥足珍贵。项目本身是一座 40 万平方米的商业居住复合体，但是从场地看，很多外部条件还不完全成熟，但等到一切都成熟再思考设计方案，恐又为时过晚。站在开发单位的视角，基于这样的矛盾，选择设计公司时，更倾向于邀请明星特质的事务所，探索性地提出解决方案。我们最终选择 Buro Ole Scheeren、荷兰 UNStudio、Rafael Vinoly、Andrew Bromberg of Aedas 四家国际知名的事务所。

这四位建筑师风格大不相同，但有一个共性：比较概念，不会按规矩出牌，适合业主对概念设计的要求。而即使如此，"概念"意味着雕塑般的形态，还是更多的弹性？这里有一个很大的矛盾：既然是国际概念竞赛，应该包容设计概念的先锋性；而作为商业综合体项目，又必须具备一定的弹性——这种弹性的意味，建筑师如果不站在客户的视角，不一定体会得到。比如项目的分期、拿地的价格、建造的成本、规划指标的限制等。从竞赛汇报的结果看，客户要的是"概念"，但选的是"弹性"。

总体来说，四个方案的"解题思路"可以分为两组：集中式和分散式。Aedas 和 UNstudio 都采用分散式思路，不同之处是塔楼贴路边还是混合在场地中间；Buro Ole 和 Rafael 都是集中式布局，这也是两位作为明星建筑师最乐于采用的布局方式，显然，集中式的布局可以带来更为震撼的体量感和综合体气势，而作为商业建筑的开发者，设计的弹性，才是应对未来种种变化的法宝。在 Buro Ole 和 Rafael 的方案中，酒店、办公、居住的位置相对固定，人流车流也相对固定，这是针对成熟的开发条件，在类似上海或香港的城市，"一击命中"式的大师思路；而 Andrew 和 UNstudio 关注到变化，不同塔楼，哪幢住宅，哪幢办公，现阶段还真的难以定论，于是用一种模棱两可的手法加以处理，而这两个方案中，UNstudio 在当地气候和地理文化上做了更多思考，显得更讨巧。

在评委的评选中，第一轮大家都很中意 Buro Ole 和 Rafael 的方案，但几轮过后，特别是来自规划局的专家分析了地块一些未知因素之后，Andrew 和 UNstudio 的方案得到更多关注。且不论业主最后如何平衡这些大师，回到建筑师的立场，有一点是提醒我们的：设计竞赛不能仅仅考虑建筑师的造型兴致，更多的时候，我们要关注业主在任务书和欢迎辞背后的隐含需求，这种需求往往来自设计的弹性，没有一家开发单位会在任务书中说：我们 ×× 还没考虑好，我们 ×× 条件还不具备……但事实上，他们就是如此。设计公司要兼顾商业和学术，那么如何解读出这样的需求，可谓一念之间，决胜千里。

设计
－
叛
变

● 卓永恒

设计和未来有关，不是出于对未来的向往，就是出于对现实的叛变。历史上比较有意思的建筑观念叛变有两次，一次在 1920 年的德国，一次在 1960 年的美国。

德国制造

说起德国，想到的标签大概是严谨、理性，个人还认为德国是个过度标准化的社会。问到德国近代都有哪些明星建筑师，回想了一下，硬憋出几个名字，竟然也都只是非主流。德国似乎没有完美的偶像，只有完美的标准。"DIN Norm"（Deutsches Institut für Normung- 德标）这个词，在本土建筑师谈话中出现频率最高。几乎所有对建筑概念的大胆构想和热烈探讨，最终都以德标结束话题。举个浅显例子，德标里几乎包括了市场所有螺丝钉的模数及安装方法。若要明白这种现象就要追溯到德国制造年代。

标准化

"Made in Germany" 从前是 "Made in England" 的 "山寨货"。如我们所知，德国两次工业革命在时间上几乎重合，因此工业技术爆发力非常强。为德国设计提供了一个优于世界其他老

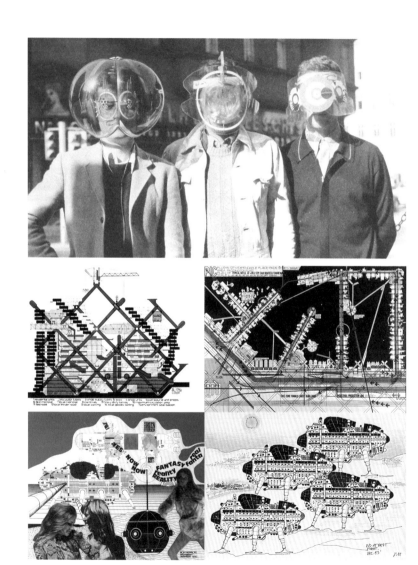

牌工业国家的平台。德意志联盟和包豪斯实质上订立现代工业生产的三大原则：工业技术性、经济性、实用性。继而把德国设计和概念卖到世界——那就是我们熟知的现代主义。"Vom Sessel bis zum Staedttebau"（从沙发到城市设计），其本质是要把所有设计一体化、标准化，用设计改变世界。要做到这一点，必须从观念开始，即社会教育、工业生产、审美标准，植入社会个体最深层的思想中。

科技乌托邦

另一次比较有趣的思想叛变发生在战后美国经济繁荣 10 年后的第一次经济危机，也就是所谓的"垮掉的一代"。乌托邦、反战、学生运动、披头士、科技虚拟、登月计划是那个时期的主题。以 Peter Cook 为首的 Archigram 和以 Zamp Kelp 为首的 Haus-Rucker-Co 就是当中两个较为突出的团体（当然还有 Superstudio、Archizoom 等，这里暂且不作介绍）。20 世纪 60 年代的建筑技术激进时期是建筑第一次成为社会批判的媒介，以一种毫不含糊的批判讽刺的态度去发展新的城市和社会模型。

Archigram 的植入城市 (plug-in city)、移动城市 (walking city)、胶囊住宅 (capsule homes) 等研究项目都巨细无遗地描述了未来大都市建构方法和城市中的人类生存状态。试图通过建筑的技术激进重新建立一个全新的、解放性的社会秩序和重新组织人类的生活空间。从这一点上来看，Archigram 技术激进的初衷是积极的。

而 Haus-Rucker-Co 则不相信科技改善未来，以科技激进批判科技的理性，反科技乌托邦。他们的心灵扩展器 (mind expanders)、环境转换器 (environment – transformer)、黄心脏 (Gelbes Herz)、绿洲 (Oase Nr.7) 等作品都通过类似装置艺术般的方式进行建筑观念表达。轻质的表皮材料、亲体技术、着装式的空间结构，综合体现科技对人的亲和力。他们的作品一开始主要面向心理学效果。后来则转到感官空间层面的表达，不再强调个人体验，而是突出对环境的敏感反应。主题也大多是环境污染对于感官联系的失却。Haus-Rucker-Co 的成员以艺术家和建筑师为主，从新的理想社会模型到建筑空间，再聚焦于人的感官能力和意识。

媚俗

媚俗总是摇摆于真实表达和概念操纵之间，并带着特定的社会和心理功能。它既可理解为一种非文化，却又与艺术相互依存，既是一种文化性质的大众现象，又是一种令人避而远之的社会忌讳。但无可否认，媚俗已成为一种最为广泛面向大众社会需求的品位层次，以及最为重要的服务于大众交流的美学系统和方式。

媚俗的批判性体现在用美学爆发力对抗既定的根深蒂固的高雅品位（小范围的精英文化）。这些概念的核心思想不是一种简单的混合抄袭，而是把心理的、象征的力量隐藏在媚俗中，通过前卫运动来重新刺激死气沉沉的文化。它强调的是一种非理性和幽默反讽精神。Less is more？Less is bore，"少即厌烦。"文丘里如是说。

"都市阳伞"的多层次公共性

● 禹 庆

J. MAYER H. 建筑师事务所的作品很有一种搞怪的气质，当我在杂志上看到位于塞维利亚的"都市阳伞"时，在仅仅快速读图而未仔细理解文字的情况下便武断得出结论——这是利用时下流行的各种参数化或者三维工具进行的又一次搞怪，整个形体张牙舞爪，夸张得缺乏节制。然而年初的西班牙之行却让我在心目中为这个"怪物"进行了"平反"。

穿过塞维利亚致密拥挤的中世纪街道，巨大的蘑菇云映入眼帘，它盘踞着一个相对开阔的广场，沐浴着安达卢西亚终年猛烈的阳光，向周边投下大量的阴影。说实话，在经过了长时间致密城市肌理的挤压后，这场景还真有一定的视觉震撼力（虽然至今我都认为它还不够好看）。

亲临现场才发现它的底座其实是一个市场，架空通道从中穿插而过，连接着一些主要的城市开口，周边的居民可以方便地到达这里购买生活用品及食物。沿着台阶而上到达底座上方的平台，这是一个巨大的具有阴影的城市广场，成为各种人群休憩活动的场所。

上到顶层，这一天最惊喜的旅程才拉开帷幕，这里有包裹在云中的餐厅和云朵之上的观光步道，走在起起伏伏的屋顶上，总让我想到米拉公寓的屋顶，我猜测设计师也想通过这个屋顶向高迪致敬，高迪一直认为屋顶是一个神圣的场所，是更接近于天空与上帝的地方。站在这屋顶上，向上看是湛蓝明净的天空，向下看仿佛是在云端鸟瞰城市，点一杯咖啡坐下，餐厅外廊上的开孔正好将教堂的尖塔框入视野，看着夕阳慢慢西下，城市的灯光慢慢点亮，天完全黑下后，才舍得回到地面去为咕咕叫的肚子找些食物……

"都市阳伞"无疑为这座古老城市带来了新的活力，它的形式对于同质化的城市景观构成了强烈的视觉破坏和排他性，产生了一种极富膨胀感的视觉张力，好看与否见仁见智。

03

定制性

只有设计植根于其环境，

并为改善环境做出贡献后，

设计才会具有专属定制的特点，

标志性也就成为定制的标志性。

— 郑　权 —

第三期轮席主编

一路向天

庞兴

对于人类来说，天空一直以来都是一个神秘的存在，是众神居住的场所。而人类对天国的向往却始终如一。从传说中全人类共同修建的巴别塔，到中世纪需要上百年才能完工的哥特式教堂，再到东方古国记载中矗立的无数通天浮屠，都无不体现着这种普世的信仰。

第一个被认为具有划时代意义的高层建筑是 1894 年建成的位于芝加哥的 Reliance Building，它不仅是最初几个同时出现的高层建筑之一，更是第一个采用钢结构为主结构的现代高层建筑，成为之后密斯、柯布等建筑大师设计狂想的鼻祖和源泉。

随着第一次世界大战的结束，纽约逐渐成为世界之都，同时也成了高层建筑的伊甸园。这段时间成为高层建筑发展的第一个黄金年代，催生了摩天大楼的概念。克莱斯勒大厦、帝国大厦、洛克菲勒中心等纽约标志性建筑都是在这一时期集中建成的。其中帝国大厦创造的高度记录直到 40 年后才被打破，而洛克菲勒中心也首次提出了城中城的概念，也正是由于这一时期的疯狂建造之举奠定了纽约高层建筑林立的城市

特征，使其成为未来各国争相效仿的模板。

二战后，在密斯凡德罗理论的支撑下，利华大厦、西格拉姆大厦相继建成，标志着玻璃幕墙形式摩天大楼的诞生。这一后来被称为国际式的风格随即风靡全球，成为高层建筑的不二选择，在之后的 30 年间被不断效仿，高度的记录再次被改写。

进入新世纪以来，伴之以电脑辅助设计技术的革新，摩天大楼的建造再次进入了一个高峰期，无数摩天大楼在世界各地破土动工，又一个黄金年代到来了，这一次连金融危机都无法停止他的脚步。新的建造者们对高度的攀比近乎疯狂，世界纪录被保持的时间很短，有些记录甚至在还未完工时就已被新的设计超越，以至于为了重夺第一调整设计、增加高度。

纵观整个 20 世纪，高层建筑被当作财富的象征被不断兴建，摩天大楼争先恐后地拔地而起的地方，必有一个富有国度的身影显现。**无论建筑思潮如何更迭，建筑的高度却心无旁骛、始终如一地攀升，虽然饱受争议与质疑，却未见一丝停息的迹象。**

城市综合体，与设计无关

● 徐伟

城市综合体是将城市中的商业、办公、居住、旅店、展览、餐饮、会议、文娱和交通等城市生活空间的三项以上进行组合，并在各部分间建立一种相互依存、相互助益的能动关系，从而形成一个多功能、高效率的综合体。城市综合体基本具备了现代城市的全部功能，所以也被称为"城中城"。

城市综合体与多功能建筑的差别在于，多功能建筑是数量与种类上的积累综合，这种综合不构成新系统的产生，局部增减无关整体大局。而城市综合体则是各组成部分之间的优化组合，并共同存在于一个有机系统之中。

万达广场在开发及设计模式上均达到了一定的成熟度，产品也会像电子产品一样以系列推出以适合不同时期的发展需求。开发模式已经决定了万达产品的成败，设计变得已经并不那么重要，或许化妆师更适合万达产品的角色。

华润地产一直在一线城市打造综合体的航母，商业地产的标杆，定位一直高端的万象城便是最佳代言。单看业绩似乎华润置地在行业内地产股中并非突出者，但其资金孵化、持有物业比例、资本运作及财务控制能力等方面的优势为其发展提供了充足的资金杠杆。此类产品的定位高端、设计稳重大气，空间因产品类型而已，但一定精雕细作、优雅而高贵，更像是商业综合体中的奢侈品。

区别于前两个综合体产品，SOHO 中国一直以其个异突出的形象展示在城市的核心位置，扮演着文艺青年的角色。单从设计角度分析，所有的 SOHO 产品个个精彩夺目，均出自世界级大师之手，并且个性张扬形式独特。SOHO 的开发模式更为简单，获得利润的手段直接且高效，基本所有的产品均以出售为目的。所以 SOHO 产品一直以办公、居住为主要核心产品，小规模配套型商业开发零售很少有集中且以自持为行为的商业模式。

随着现代城市化格局的形成，大部分新生区域更需要多维度、多角度、多时度的行为方式让城市更为鲜活丰富。不同定位，不同诉求，不同角色的综合体因然而生，并与城市共存，满足着不同层级的消费群体的需求。**城市综合体更应该是当下时代的产物，随着消费时代体验经济的兴起，体验将成为社会消费的重点。**

建筑师与超速时代

●代理

这是一个没有秘密的时代，保持神秘感才能备受关注，挖掘秘密和隐私成为大众获得娱乐快感的一个普遍现象。这是一个消费社会，有需求就有市场。为什么会有那么多千奇百怪的建筑，同样是有需求在那里，是某些人的需求，这些人集结在一起就是某一类人。

眼下这个时代主流价值观是以追求财富、事业成功为人生的奋斗目标，但未来一代可能不会是这样了，越来越多的年轻人开始追求个人价值、自由，以实现自我的目标，这种趋势现在已经可以初见端倪。因为社会环境已经开始变化，这是原始积累之后的必然产物。十年前，很多人认为钱能解决一切问题，但是现在越来越多的人认为钱能解决的问题已经不是问题了。这个认知转变的速度也很快。

在目前这种快速更新的背景下，大众是如何看待建筑的？又是如何看待建筑设计行业的？

在各种因素的刺激下，房地产行业的开发速度是一直在加快的，建筑设计的速度也是随之逐步加快。我们的加速工作都在为 GDP 的提高贡献着力量，建筑行业只是整个社会机器运行链上的一部分。这其中数字技术对社会变革的影响，尤其是对建筑行业的影响是非常巨大的，未来进化的速度也一定会超出我们的想象。

这是一个无乐不欢的时代。设计和娱乐紧密相关，影视、服装、平面等领域的设计无处不在，如果没有设计和创新，这些行业注定会消失。好的建筑并不一定能被大众立刻认知，"被关注"才是这个时代的亮点，建筑行业尤其备受关注，"恶搞建筑"等现象是一种娱乐化的社会现象，近些年是层出不穷，屡有创新。足见设计对于建筑行业的贡献之巨大。

设计可以产生巨大社会价值，但是因此形成的价值却只有很少一部分存留于设计行业，这就是现状，很尴尬的现状。于是，很多人在思考如何将设计行业内的价值最大化，有成功的，比如乔布斯，苹果公司实际上是将设计以产品和体验的方式来形成价值。超越其他能者的地方在于，他创造了一个以此为中心的产业链。众多产业链上的开发者心甘情愿地为其添砖加瓦，贡献价值，这是因为各有所需，乐得其所。

"设计"已经不再是这两个字所包含的内容那么简单，在我们现在这个时代它已经承载了更多的内容，包括你喜欢的和你不喜欢的。

从前，设计是从笔尖一笔一笔流淌出来，通过笔和手、脑的协助完成，一是慢，二是会有误差。但它会促使建筑师有更多的思考和更多的可能性。现在是快，误差很少，但思考不足。这导致在建筑里，设计的内容其实是被稀释了，因为你顾不过来，一是建筑规模是越来越大，二是设计周期越来越短。试想一下，原来建筑师用一年的时间设计 1 万平方米的建筑，现在是用半年的时间来完成 10 万平方米的建筑，差别就在这里。不过，相信这种现象迟早会变化的，一切只是时间的问题。

对于建筑师来说，社会对其的认可度与其所承担工作的价值来比却是不对称的，试想想，近来的十年设计费的涨幅和房价的涨幅是对应的吗？

不过整个社会仍是在进步的，而且步伐很快，甚至非常快。速度之快已经渗透到你生活工作的每个细节。作息时间、加班次数、通话时间、会议数量、项目规模、设计深度，这些变化是我们作为建筑师最直接的感受。

在这种越来越快的节奏下，需要建筑师关注越来越多的细节，并且解决，不停地解决。这很像跑车的起步加速，那种感觉开始的时候是一种推背的快感，将一切慢的东西抛在你的后面，包括你的对手，也包括沿途的风景。

最后，在极速状态下只剩下兴奋和恐惧，一种矛盾的、复杂的感受。

这就是这个时代建筑师的处境，这种状态下的每个人都会自问，我该怎么办？

没人能给出答案，因为不会有标准答案。

如果你认为设计能够创造价值，那么设计行业就会一直存在。毕竟存在的应该是合理的。

设计可以复制吗

● 王一丰

设计是创造性的工作，设计师应该是最有创造力的人。可是设计同样是要对应工业化的。那么设计可以复制吗？

其实建筑设计一直以来都是存在复制的。因为我们的行为习惯是难以改变的。我们的基于统计规律的强制性规范更是一种行业标准。设计确实是创造性的工作，但是创造性工作不是设计的全部。相比其他的工作，设计的独特性其实远没有共性来得强大。只是独创的部分更加的让人瞩目罢了。

大型的项目工程早已让建筑设计成为一个深度协作的行当，我们也一直在讨论标准化的问题。设计的独创性总是让这种讨论罩上了一层迷雾，而这种纠结让设计过程、设计呈现的系统化变得迟缓。我们重复做着相同的事情却自以为是一种创造性的工作。我们花费大量的时间在一些基础性的工作上（并不是说疏散楼梯不重要，但是确实这部分工作是可以复制完成的，而每次都"独创"这一部分确实是愚蠢的）。这种混淆有必要得到澄清，设计过程中有些工作是可以标准化完成的，而不是一句设计是独创性的就否定掉一切。

比较具体的经验是：很多的设计师在每个项目中都要从头开始绘制疏散楼梯间，显然这是设计的一部分而拷贝一个似乎有违道德。但是只要稍稍统计一下就会知道，我们80%的项目类型是相同的，这其中的80%则可能层高又是一样的。而若干个项目之后，我们理想的疏散楼梯间是什么样子呢？这显然应该有个答案，但是遗憾的是没人知道它在哪里。

工业化的伟大改变就是标准，一系列的标准构成了现代社会，而对于设计过程本身，我们其实可以形成我们自己的标准。正是这些标准代表了我们的能力水平和段位。**所以真正的问题不是设计能不能够复制，而是我们什么时候开始统一我们的"度量衡"？**

价值剖面

设计收费有两种取费原则：

成本原则和价值原则。

国外的大师为何收费那么贵，

其实在于他们隐性地采用

第二种取费依据：

通过作品给客户带来的目标收益

而获得报酬。

— 艾 侠 —

第四期轮席主编

凌空 SOHO 展厅设计牵引时尚办公新坐标

● 雷蒙流

　　大约在前年这个时候，我离开了工作多年的 Zaha Hadid 事务所，开始了我自己的独立建筑实践。从伦敦到北京，作为银河、望京两个 SOHO 项目的主要创作人员，我理解这两个项目的本质是在有限的预算条件下，尽一切可能为中国这个充满朝气的国度树立崭新的都市形象，这种形象具备一种关于动态空间、时尚、科技的吸引力，它在美学和价值观上，与过去流行的种种繁华和陈腐划清了界限。我相信扎哈和我们都成功地做到了这一点。

　　虽然在 Zaha Hadid 的工作经历很愉悦，但是我还是希望以独立建筑人的身份进行更多探索，我对这种新的美学及其使用的参数化技术手段感到非常着迷，工作室里寥寥几人但是雄心勃勃。当然，在我独立开业的初期（现在也是），事务所总是面临各种不可预计的困难，很多项目都推进不下去，到处都是等待和反复。也就是在这个时候，SOHO 中国，我的老客户给了一个充满挑战的任务：在 4 个月内设计施工完成上海凌空 SOHO 最新的样板间工程，并且要设计一座从地面通往展厅的临时桥梁。这个"微型"项目的建造预算只有不到 200 万元，但是却对整个凌空 SOHO 的成功起到关键的作用。SOHO 中国找到我，既是对我个人的信任，也是一次不大不小的实验：如何控制成本，撬动价值杠杆的另一端。

我的实施方案由三种不同的元素组成：分别是 VIP 迎宾长廊、租赁样板间室内设计和室内家具设计。这些元素和谐地组成了一种从室外到室内，从视觉到身体无缝的空间体验。通向样板间入口是一条参数化优化设计的重复结构单元的 VIP 迎宾长廊。各单元叠加嵌合在一起形成一种适应基地条件的形态。结构单元之间的缝隙既提供了外环境的视野也保证了内部的采光和通风。走进样板间，其入口用弧形玻璃斜切入连接楼梯间的走廊，把来访者的关注点引入样板间室内。样板间室内设计体现了水面上跳动的卵石与水溅开时的动感概念。同时，室内具有指向性的形态和发散的曲线把不同功能的区域组织成了一种空间系统和拓扑变化，给来访者一种兴奋的精神和身体体验。

当然，这样的项目我不会放过家具设计。通过最新的计算机技术设计和加工制造，这些自由形态的家具被定制设计与样板间整体的主题达到和谐同步。家具设计不但通过新颖的形态来满足了功能需求，同时与吊顶和地毯图案产生共鸣来形成统一的视觉，进而放大了"体验的价值"。

由于曲面拓扑几何的复杂性，设计期间样板间室内的模型通过与现有楼体的 BIM 模型的结合来确保整个方案的可建设性。黑色的 GRG 单元吊顶在现场组装并且喷漆。家具单元通过电脑控制的三维车床制作高密度泡沫并覆盖 FRP 纤维，最终喷涂光泽漆定稿。地毯的图案和颜色通过数字模型直接编织制作。

我相信 SOHO 中国会满意这个展厅，它用成本有限的技术手段的叠加，实现了丰富的空间。它比之前的两个 SOHO 展厅更动感、更经济，很符合上海这座城市"追求实惠"的内涵。

场所与密度

● 奥雷舍人

在北京中央电视台 CCTV 总部大厦设计任务接近尾声时，我离开了 OMA，开始了自己独立的建筑实践。虽然我的建筑教育背景来自欧洲，但我非常希望能够在亚洲（特别是中国）开展建筑设计，因为这里有着前所未有、变幻莫测的都市开发机遇。新一代的富有阶层与社会的基层相互交叠，显示出不太稳定但富有活力的经济势态。我很幸运地在新加坡、曼谷、北京、香港以及很多充满挑战的区域接到了设计任务，并为此不断付出巨大的努力。我相信我们的每个作品都具有独特的价值，在这个价值的形成过程中，我特别注重聆听每一位客户对开发项目的期望，并且花足够多的时间对这些期望进行重新定义和达成共识。

理论家们常把我们的设计归纳为 mega-form（巨构形态），我想它们的基点在于对场所和密度的价值理解，这一直是 Buro Ole Scheeren 不同的设计所共有的内在主线。今年上半年一次国际设计竞赛再次说明了这一点。我们受邀为一个距离温州市中心咫尺之遥（瓯江对岸半岛区域的核心位置）的场所设计一座商业综合体建筑。这个场地很有吸引力，也充满挑战。

RETAIL: MALL AND VILLAGE
商业 商场和购物村

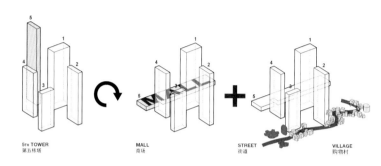

5TH TOWER
第五栋塔

MALL
商场

STREET
街道

VILLAGE
购物村

商场借着塔楼的几何体量，以"水平塔"的形式出现。 "HORIZONTAL TOWER"

COMBINED POWER
By connecting the towers into a joint bundle, all individual energies combine to form a whole that is greater than the sum of its parts.

集中力量
所有塔楼型体集合后，能量远大于个体本身

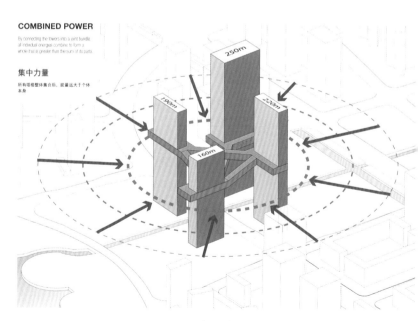

面对这样的任务，我非常反对均质化的场所，认为不同的价值应该在不同的条件下、不同的位置上积聚。为了实现这一点，我让四座超高层塔楼尽可能相互接近，呈风车状布局在场地中央，但是单体尽可能简洁，为穿梭其中的交通干道带来强烈的都市感。其他建筑师通常会把中央景观处理为公共广场和花园，但我认为这种内聚的广场并不具备假想的开放性，真正的活力在于街道。四座塔楼聚集之后，周围的尺度更适宜营造步行空间和舒适的街区场所。我们精心设计了一系列富有活力的商业形态，围绕在高层组团周围，形成闭合但开放的环形街区。

至于跨度高达 120 米的空中连接，显然是本案最受争议之处。这个结构也许比较夸张，但绝非不可实现。我认为更重要的是对连接的内容进行了丰富的设定，只有真正将这个"空中之城"的商业价值和社会意义实现，在技术上的高成本投入才有必要。我想借这次竞赛，强调我们对高层建筑相互关联的重新定义，这种关联，与结构加强层和设备层的位置密切相关，它具有自身的逻辑，同时也放大了更多城市行为的可能性。它是自然、高效、科技的产物。

　　至于竞赛的结果，我们没有拿到第一名，评委们认为这个方案过于前卫，但是这个"很奥雷"的设计为温州带来了不小的轰动，上了各大晚报的头版。我理解亚洲城市对于密度的渴求与西方国家"中心 CBD+townhouse"的模式有着本质的区别，相对于西方人的独处和自由，亚洲国度的文化和情感都偏爱聚集，大家庭也往往生活在同一屋檐下，彼此的交流虽然含蓄，偶有矛盾，但内心对团圆的需求是巨大的。我期待在这样的文化背景下，创造更加多元、有差异化乐趣的都市空间。

　　【注：本文为艾侠与奥雷先生对话口述整理而成，经 Buro Ole Scheeren 同意对外发表】

"大""小"库哈斯

● 孙巍巍

库哈斯似乎有种独特的气场，让与他相关的一切都被打上 Koolhaasism 的印记。他的建筑和设计带着实用主义的直接，他的理论带着记者的敏锐、编剧的戏剧性和学者的隐晦思辨，他的话题时而放眼全球忧天下忧时而又聚焦日常见微知著。他的建筑因题制宜，思想因时而变，秉持功能主义却不机械，直面现实却又不弃理想主义的执着。他推崇超建筑和拥塞美学之"大"，粗犷的建筑表象下却又流淌着人本关怀的"小"温情。

"大"是库哈斯最具代表性的建筑理念之一，集中体现了他对尺度、密度和都市问题、当代文化的思考和求解。他指出，当建筑超过一定的临界体量达到巨大的时候，尺度、比例、细部等传统建筑概念和美学都将失效，将超越好或坏的范畴，它的影响将独立于它的品质而存在，建筑设计上升到和城市设计平行的地位。他将摩天楼称为社会压缩器，认为都市中的高密度和建筑的功能复杂性为多元性和变化提供了环境，试图通过"大"达成他推崇的拥塞美学，通过"大"创造密度的突变临界，通过复杂、多元促进交往和事件发生，使其可以成为事件反应堆。

库哈斯提倡的"大"和密度并不是在片面追求吸引眼球，而是非常重视公共场所营造，人与功能的交互和空间品质。

得益于其对建筑内事件及人的活动的分析、编辑、重新定义，对建筑中"虚"和"空白"的重视和运用，使功能下意识般自由流动而非绝对的机械的隔离。

库哈斯的"大"外显、桀骜而带着叛逆和侵略性，让人觉得生硬、机械、冷漠。他的"小"创意和对人性的观照却含蓄而内敛。在"大"之下，尚匿着"小"。于细节处见创意与诚意，于细微处现人性与人情，于复杂中蕴含着细密匠心。

之于城市、建筑和当代文化，库哈斯的"大"是容纳多元、不确定、变化和更新的容器，不是物质实体而是内容的高密度状态。之于人，库哈斯的"小"发乎人性、行为、事件，行乎实用，现于细节之精妙。**"大""小"之间，库哈斯的两极，建筑存焉。**

非历史保护的开发价值

● 朱光武

自 1949 年新中国成立以来，我国经历过整整三十年可称之为"泛工业"的历史时期。而历史变迁之后留存下来的这些厂区，绝大多数并未被国家和地方法规纳入历史文化遗产的明确范畴。随着中国城市化的快速发展，这些旧厂区最可能的转化途径就是成为居住用地。这样就出现一个有趣的悖论：既然工厂不再生产了，政府也没有提出保护，那么从理性的角度思考建筑，这些厂房何去何从？

仅仅七八年前，当提起天津玻璃厂、武汉锅炉厂、重庆建设厂、南京无线电厂这些名字时，人们都会想到高大的厂房、高耸的烟囱、热火朝天的车间、人头攒动的工厂大门……如今，那些代表一个时代的名字已被水晶城、百瑞景、二十四城、新都国际等耳目一新的符号所替代。

的确，代表那段历史的厂房、管道、烟囱等元素没有被列入政府保护的名单，在开发新项目的时候我们可以把那些工厂彻底推平。但是，当这些场地、历史中的某些元素，能为我们带来新的价值的话，我们没有理由拒绝它们。本文提出的"非保护性设计"，是灵活的、主动的、因地制宜地利用旧元素，实现新的意义。下面是基于亲身设计经验的四类基本的价值手法。

1. 保留。对地域内有价值的元素，在新规划中直接原地沿用，使其发挥最大的价值。

是否能够沿用原有的肌理保护现状树，是规划中首先要尝试的事情。因为这样我们为保护它花的成本最少，而得到的价值最大，效果也最好。天津水晶城和杭州和家园中小区部分主干道都沿用了原有道路的肌理，顺其自然地保留下了大量几十年的大树。

2. 移植。将有价值的元素移位利用，在新规划合理的节点上出现恰当的旧元素。

一段铁轨、一条枕木、一片瓦砾、一块旧砖头……这些再普通不过的元素，当他们出现在小区的广场上、园林的小道中就显得不普通了。在新的环境中他们会显得特别深沉，时间留下的痕迹使得它们为新环境赋予了历史感。对于那些便于移动的元素，我们可以随心所欲地让它们出现在希望出现的地点。原则是画龙点睛，宜少不宜多，使其和新环境产生对比，才会凸显其价值，才会显得别致。切忌用力过猛，喧宾夺主。

3. 叠加。在适当旧元素中加入新元素创新出新老共存的生动场景。

对于场地内的大部分历史元素，如厂房、烟

囱、水塔、厂大门等，其体量尺度与新建的建筑往往有较大的差异。第一步要做的就是改造其体量，使彼此协调。水晶城是将老厂房的外皮全部拆掉，包括外墙、屋面和桁架。改造后的厂房只剩下柱子和梁的框架，与周边大量四层半的花园洋房在一起其体量就显得十分恰当；东湖国际因为前身是武汉重型机械厂，厂房尺度巨大。为减小体量将老厂房的长度砍掉了四分之一，西山墙立面就处理成厂房的剖面。剩下的四分之三，留下了一半的桁架，另一半拆掉插入了新的建筑体块。

体量改造好后，第二步要做的是加入新元素。水晶城开盘时曾经利用原厂区的大门做了一个LOGO小品。将大门绝大部分拆掉，仅留下四根立柱，再将每根柱四面用玻璃包起来。老柱上的粉笔字还清晰可见，好比封存了一段历史。晶莹的玻璃和沧桑的石柱的对比非常强烈，效果非常好。通过新老的对话，体现出建筑的时代感。

4. 重构。挖掘旧元素的新价值，在新场景中重新组合，创新体现。

重构本质依然是新与旧的关系。用的元素是旧的，呈现出的结果是新的。重庆24城一期的场地上，有许多曾经做车间的山洞，非常有特色。设计中将部分山洞结合地下车库采光庭院和幼儿园进行重构。小区庭园中的山洞为业主提供了冬暖夏凉的有趣交往空间，幼儿园中的山洞为教师创造了有特色的办公室，既节省了新建幼儿园建筑面积，又因地制宜地体现了项目独有的地域文化。对于这些有特色的地域元素，非常难得，设计之初应好好规划，充分挖掘其价值。

绿色标志

——悉尼中央公园

● Matt Dobbs

我们接受挑战的项目位于悉尼，它的前身是有着170多年历史的肯特酿酒厂基址。2007年，5.8公顷的旧肯特酿酒厂新概念规划获得批准，项目为涵盖公寓、办公、零售、餐厅和配套社区的多样性混合开发。最终获批的项目总建筑面积达25.5万平方米，含11个楼体。

于是，我们的挑战来了！出于历史保护和城市文化保护的目的，悉尼市政府要求保留具历史意义的老烟囱，并为现有的和未来的社区创设开放的公共空间。这就使得开发商所能支配的用地面积被进一步压缩。开发商为了获取利益的最大化，作为为城市打造公共空间的交换条件，理所当然地希望能尽可能地提高开发的容积率并提升物业价格，同时加入更多可以盈利的商业要素。所以，开发商在悉尼市政府的要求基础上又提出了更进一步的任务目标，要求高容积率下明显扩大城市空间并激活街面，将混合商业融入周围社区，构建以古酿酒厂为中心的新的活跃的城市区域。还不仅如此，项目必须同时达到世界级的可持续发展水准！

要符合政府要求在并不宽裕的地块中打造

出一片市民空间，我们选择运用高层建筑形式来达到开发商希望的高容积率。基地两公里外即为悉尼市中心，项目所处区域为旧肯特酿酒厂基址和低层社区。为尊重这一城市文脉和肌理，悉尼中央公园综合开发采用了北高（层）南低（层）的布置模式，将历史遗址和绿地公园安排在场地中央。

为了在高容积率开发下兼顾可持续性和宜居性，并提升地块上物业的售价从为开发商创造更高价值，我们集中采用了多项技术创新。由于采用北高南低的规划，在高密度的建筑群中底层自然采光很差。我们研发了颇具创造性的日光反射系统，通过顶层可自动调节反射角度的日光反射机将阳光反射到建筑底部，完美地解决了高层对中央公园和底层建筑采光的负面影响。为了达成项目在可持续性方面的严格要求，我们还综合采用了减少排放的三联产系统供电、供暖和冷却，全方位跟踪太阳能设计，利用雨水收集和中央再生水处理设备灌溉植物和循环利用水资源。空中花园和垂直循环灌溉、无土壤栽培的"绿墙"增加了立体绿化率，植物的荣枯形成随季节变换的季节性自然遮阳，同时带来非凡的建筑外观。最终，整体设计并系统化使用绿色建筑技术的成果就是使中央公园1号获得澳大利亚绿色建筑协会五星级绿色评级，成为一个绿色地标。我们以科技和创新设计完美地在多重限制下于高密度的城市中心打造出一片高品质的都市豪宅，也为二次城市化中的高密度实验做了一次漂亮的示范。

播种筒 »

悬挂式空中花园

日光反射装置 «

日光反射镜 «

绿化墙面 »

05

| 技术新议 |

在高度专业技术分工的今天，

另一扇门也在悄然打开，

建筑的形式、空间、体验与技术

之间的边界正在消解，

并有望带来当代建筑设计的新路径。

— 郑 方 —

第五期轮席主编

品画悟建筑

● 祁 斌

最近有些<u>迷上</u>中国画。

之前因为设计李可染艺术馆，走近了国画大师李可染的艺术世界。山水画向来被推崇为中国画重中之首，其理法、结构、意境、笔墨集画家艺术修养之大成，非凡人能驭，范宽、李唐、倪瓒、石涛、四王、黄宾虹，代表了历史上各个时期中国山水画的高峰。李可染的出现，将宋元以来逐渐成熟的中国山水画推向了新的高度，他朴茂深沉、浓重浑厚的风格，厚、重、积、染的画法开创了表达山水意象的又一个境界。中国山水画的创作遵循两条原则：师法古人、师法造化。师法古人讲传承，要研习传统而通古法；师法造化则讲体悟和感悟，体悟需要走进自然，从对象世界中提取素材。感悟更需心悟，悟通之后才有变法。可染先生将当代绘画中的对物写生方法加入到传统中国画的意象造型中，可谓道法自然，并将这种变法发展到了极致——"可贵者胆、所要者魂"。

中国画是笔墨文化，自宋元成熟期之后，就已经摆脱象形阶段，走上了意匠独运、借物言志、以形写神的境界，这与以素描、光影、色彩为基础的西方绘画体系大为不同。中国画讲求神韵，追求笔墨韵味，不求表象的相似。品中国画，要看画的意境，讲求"像外之意"，所谓"形从神"则"神形兼备"。中国传统水墨画的本质是通过笔墨关系将中国特有的哲学思想和个人的人生感悟寄托于纸面，所谓"意在画外"。"似"在中国画人眼中，甚至被认为是很低俗的，"不似之似"是中国人文画追求的最高境界，这与追求虚无为本的中国传统哲学思想不无关系。将中国画追求意境达到极致的，历史上首推八大山人，他的画以简、拙、奇、冷、逸为特点，以最含蓄蕴蓄、俭朴素拙的方式表现内省的情感和禅悟的哲理，被近代百余年中国画家奉为圭臬。

文人画是中国传统绘画的主流形态。所谓文人画，是相对于院体画、画工画而言的，绘画与读书吟诗一样，都是文人雅兴，不以画谋生，手不释卷，借诗书画以抒怀。文人画用水墨手段率真地表达自我的内心状态，写意抒情，是中国传统绘画中对美学、哲学思想的发挥。中国画要的是画外的修养，成为历史上令人仰止的中国画大家，无不学富五车，王维、董其昌、沈周、文徵明、唐寅、吴昌硕……中国绘画在长期的积淀中，形成自我独特的审美价值观，中国画的笔墨讲求"骨法用笔""气韵流动"，追求对对象本质内在的表达，这是东方的抽象，是用精神进行的概括。中国古代将画品分为"神、妙、能、逸"四品，最高境界是"逸"，也就是超逸、奇逸，脱离名缰利锁，是真正的上品。因此，回到哲学层面上，中国画与西方艺术中追求的自由、真诚、富有人灵性的表现语言似有异曲同工之处，中西两种艺术形式在这一层次似乎并不对立。

前段时间，由于设计张立辰艺术馆，有幸向当代花鸟写意画大家张立辰先生讨教中国画的画面构图问题。张先生给我举了其老师潘天寿先生在中国画教学中的例子："潘先生将中国画创作比喻成面对一次次同样考题的考试，考题是：用最少的笔墨，将一张白纸割裂成大小不同、形状各异、数量最多的空白。潘先生认为这是衡量中国画家创作基本功力的最佳考题，亦是最难的考题，更是每个画家一生都做不完的课题"。这段话令我印象深刻，反思良久。放弃表象，追求精神情韵、意境格趣的中国画将思考经营的主体放在了画面的空白而非主体上，这和西方现代绘画构图原理、包括建筑空间关系理论中的图底关系论不谋而合。这样的思想出自痼习传统的中国画大师更让我着实吃惊不小，暗问：看似非常不同的东西方艺术形态，在走向大成的境界后，都有内在的同归？

中国建筑在当代寻找出路的纠结与中国画人何其相似！其实纠结终归是悟道浅的表现，是修行过程的痛苦，一旦跨越了认识的浅薄和眼界的藩篱，就会发现创作的天空原来如此海阔天空。真正的艺术开始于技巧的结束，这是艺术的规律，在建筑领域抑或如此，当各种技术、技巧不再成为建筑师的障碍，能够摆脱各种风格、类型的摹写或炫耀，真正意义上的建筑创新可能才刚开始。

读中国画能养心，画中国画是修行。

技术的边界

●李麟学

当主持人给出"技术的意义"这个题目时，我试图对于"技术"，更确切讲是"建筑技术"给出自己的定义，突然发现要明确去界定建筑技术的边界其实并非一件容易的事情。

不妨从自己正在进展的建筑实践案例中探寻一下"技术"的定义。

案例一是正在进展的湿地游客服务中心的施工，建筑要处理的首要课题是利用当地的夯土技术，建造一个当代的独特建筑形态，形成与大地的大尺度层面的同构关系。夯土配方的反复试验、样块压拉强度的控制、色彩配方的反复确认、现场施工的模板搭建试验、含水量的微妙控制、验收规范缺失的应对等，春天到夏天反复试验，一万平方米的夯土建筑到现在终于基本建成。在其中，似乎没有一样不与技术相关，但12米高度的磐石般的夯土墙又恰恰是建筑最富表现力的方面，也是作为建筑师最有挑战性和最具实现感的一个环节。看到如同从大地中生长而出的当代夯土建筑，是一种独特的具有"环境诗意"的建筑体验。在这个案例中，我不禁要问，当形式如此依赖技术的支撑，技术的挑战不就是建筑形式的挑战吗？

第二项案例是正在进展的海边施工中的酒店，中庭采用的空间曲面形态模拟了海浪的意象，创造一个具有动态的内在空间。建筑师花大量的时间与结构师验算每根空间梁的断面尺寸与排布尺度。按照结构计算，对应空间跨度变化的每根斜梁断面应该是不一样的，但最后建筑师选取了分区统一的断面，希望形成更具系统性和建构性的建筑空间逻辑。而其中的纠结在于如何平衡了结构的合理性与建构的逻辑。分区统一的断面最大化地应对了结构与建筑的组织逻辑。在高度分化的建筑实践中，当建筑师的逻辑受到技术的考验时，你不得不跨越技术的边界，去寻找建筑组织逻辑的新机会。看似技术性的部分，实际上又恰是建筑师最着力的细节。我不禁要问，技术合理性的应对与建筑设计之间有明确的边界吗？

第三项案例是手头已在进展的深圳双年展装置，关注的主题是"城市边缘的巨构尺度"，装置的搭建碰到的更多是技术的问题，用何种材料、何种节点、得到这些资源的厂家，现场实施组织等，基本是从零点起步去构建一个微型的建筑。装置因其直达观念层面，而被建筑师当作职业实践之余的另一个表达的机会，但最终我们又不得不回到这些技术的细枝末节中去——应对。在这个案例中，我不禁要问：技术与观念的边界是否如想象中那样遥远？

想起暑假在威尼斯建筑学院担任 summer school 的特邀教授，最有收获的是每天在卡洛·斯卡帕设计的大门及其任教的学院进进出出，每次触摸到那些充满智慧与一丝不苟的建筑细节，再对比图书馆他那些触感十足的草图收藏。不禁怀疑，这是"技术"，还是"艺术"，还是所谓的"技艺"。这样的定义有必要吗？

在一个 IPHONE 手机与 STELA 电动汽车横空出世的时代，似乎预示着传统意义上技术、形式与体验之间边界正在消失，并带来无穷的设计潜力和商业价值。而回望一直处在传统领域中的建筑职业实践，是否可以如此设定：**在高度专业技术分工的今天，另一扇门也正悄然打开，建筑的形式、空间、体验与技术之间的边界正在消解，并有望带来当代建筑设计的新路径。**于我而言，这正是从事建筑设计这一职业实践最本质的乐趣之一。

三位爵士的技艺

● 崔彤

在英国，为建筑师封爵并不新鲜，从祖师爷级的约翰·索恩，到福斯特，意大利籍的罗杰斯，再到伊拉克籍的扎哈，这些具有贵族意味的荣耀头衔是为了表彰建筑师的成就、社会影响力，更多是强调为城市和人民所做的贡献。正如罗杰斯先生和我们谈到的那样"城市是我们社会的实体框架、公民价值的渊源、经济的发动机和文化的心脏，城市是为我们子孙后代着想的唯一环境可持续发展的形态……"因此罗杰斯的团队提出："强烈的社会愿景是快乐而高效的员工队伍背后的推动力，设计体制庄严载入关于社会、团队精神、平等协作和社会责任。"

因此，我们便容易理解罗杰斯那"贵族"光环下的人民性。其他，从他早年的成名作品蓬皮杜艺术中心就依稀可见。那个以高技派风格创建巨大展厅的内部和外部都努力创建一种民主和自由空间，尤其是外部的缓坡广场也成为法国民众最喜爱的场所。透过蓬皮杜的机械主义外表，我们不难看出罗杰斯的"民主性"建筑的宣言：一、就建筑本体而言，他把结构、水、设备、电与建筑一视同仁，将它们暴露在外，表现其魅力，把配角变为主角；二、突破古典主义的主次逻辑，50米的大跨度创造了一个均质的空间，即所谓非决定性的建构，强调组成空间的各部分可以改变、生长和演化，这与密斯大空间所强调不能再加减任何部分不同；三、蓬皮杜的可适性和包容性是吸引了所有的人群，小孩、游客、学生、工人、艺术家等，并创造了若干个中心，这是一个充满动感的场所。

另一位久负盛名的福斯特爵士，由于北京T3机场的"横空出世"，成为一个中国民众都熟知的贵族大师，年轻时曾与罗杰斯夫妇合伙开办事务所，因为他们有着相似的背景和精神结构，便有了共同理想和对城市及建筑的热爱。正如北京T3那样对大地、天空的眷恋，而创造出与帝都北京相称的无限景象；以公里为单位的水平"纪念碑"再次建构了一个在金色、红色覆盖下的"航空宫殿"，与紫禁城不同的是在同一个天空下，它给予了人民和城市。福斯特在伦敦作品无论是"小黄瓜"（瑞士再保险总部），还是"小面包"（伦敦市政厅），亦如他早期的追求一样不曾改变，即所谓的"生态的高技"和"诗意的高技"，从香港的汇丰银行到法兰克福商业银行，福斯特始终致力于银行办公的生态办公体系和建筑，并形成了一系列独有的建筑语法：①空间化的形态；②结构化的形态；③生态化的形态。

福斯特的力作影响最大的要算大英博物馆的改建，看上去外观并没有什么改变，内部好像只是加了一个玻璃顶子罢了。但意义是实现了场所精神的重建。巨大的玻璃穹顶覆盖了方形内院和圆形图书馆，使这个空间之间的空间成为一个有顶广场，它不仅成为博览建筑的空间核心，以此可确定方位，能重新组织参观路线的串联或并联的多种可能。同时，恢复了文化广场所应有的休闲、集散、交流等城市空间的特质，可以说它把城市的生活融入艺术空间，或者说把艺术延伸到了城市之中，如此城市"广场"或城市中庭包容和承载了各种事件和活动的发生。今年2013的春节恰逢大英博物馆举办中国年的活动，过年氛围不比中国差，一时间中庭好像一个校园或市场。英国的孩子们的中国体验活动是"青花瓷"认知：用中国蓝画一张画，然后手工再做一块"砖"，最终在艺术家指导和家长配合"砌筑"一个中国长城；中庭的另一端，红绸舞、灯笼、武术又是另一番热闹景象。这时，玻璃穹顶的"城市广场"将"艺术体验""节日课堂"与博物馆内涵紧密结合在一起，使这个空间之间场所延伸为城市一部分，之后又转化为民众的一部分。

福斯特近来的这些作品更加倾向于圆润、透明，建筑以轻柔地触摸环境，在人造的自然中赞美阳光和空气。在诗意氛围中散发着人文的关怀。

RIBA旗下的巨匠罗杰斯和福斯特，他们同时也是全球建筑界的旗手，作为老一代大师依然是先锋。然而另一位封爵先锋人物当然是当今最走红的女魔头扎哈·哈迪德，一个充满传奇的女建筑师。她能否成为又一个贵族"英范儿"建筑师传承人，可能还不明了，但可以肯定的是RIBA与AA学校的近亲关系以及AA作为建筑大师的摇篮已是不争的事实。老一代罗杰斯以及之后的库哈斯、扎哈，都继承AA的衣钵，批判与创新是他们共同特征，如果说老一代建筑师的创新是一种变革的话，那么扎哈的创新就是一种"暴动"，一种带着"暴力美学"武装了解构建筑后紧急迫降着陆。扎哈的建筑并不是简单的疯狂和秩序，她混合数学的理性以及复杂韵律并在穿越立体主义的空间透明性之后直接奔向未来，然而当我们以未来太空的幻想景象去审视她的作品时，又发现无法完全读懂她作品中太多的原始和自然的灵动，一种在蛮荒力量中牵引出的一种诗意。

我们都了解扎哈曾经就读数学，而她的合伙人 Patrik 先生则修过哲学。也许很多人都在推测什么专业都可以把建筑做到之最，的确在英国历史上，曾经把建筑学视为数学的分支。而设计英国圣保罗教堂的克里斯多夫·雷恩，就是英国著名的天文家和数学家。无独有偶正是当今的这位建筑奇才，她不仅推动而引领一条前所未有的探索之路，扎哈有过一段与世隔绝的岁月，或者说只有设计没有结果的日子，而这段时间就如同做科学研究，她的数学逻辑、技术路线，在她的自由意志的"导演"下，所要做的是用"绘画这个镜头，能够表现出项目中用其他方式无法感知的方面。这是我们理解事情如何改变和演变及服务的方法，不是用一种肯定的方式把一个结构具体化，而是为了证明它可以成为什么的可能性。"她的与众不同在于不仅人生中的职业生涯不同，而建筑的表达也不同，她认为建筑画并不是建筑图，只是关于建筑的抽象画，一个文本、一个剧情故事，但这不是"虚构"，而是关于建筑可能性的图，而这些手绘作品，在严谨思考后甚至在

"思维参数化"之后，成为一种强大的试验手段。因此，我们说扎哈作品的灵魂是人脑的设计，而不是电脑的设计；她的设计不是偶发灵感，而是反复"试验"的结果；她的建筑是美的，但不是克里斯多夫·雷恩所说那两种：一种是数学，另一种是风格；扎哈的作品是一种指向未来的和谐、动感的自然韵律协调某种未解科学之谜的智慧。

三位名声显赫的巨匠，虽然他们出生于三个国度、两个年代，但拥有共同的梦想，用建筑推动城市的发展，从而到改良一个社会。也许，三位巨匠不会成为建筑师的典型，但他们对城市的贡献和对社会的责任感让我们敬佩。也许，我们感慨中国没有一个城市能像伦敦一样，可以称为世界中心或设计之都，它不仅融合了古典与现代，而且汇聚几乎每一个文明进程中的精华。但我们依然可以自信的是，中国五千年的文化和现代文明已经给予了一个强大的支撑，中国的现代建筑为什么不可以成为世界之最！

形式追随数据

● 陈剑飞

当今社会信息技术迅猛发展，人、机、物三元世界的高度融合引发了数据规模的爆炸式增长和数据模式的高度复杂化，世界已进入网络化的大数据时代，数据技术将成为生态文明时代建筑创新发展的重要推动力，下一代建筑将真正开启"形式追随数据"的新纪元。

建筑自产生之日起，就与数据有着不解之缘，数据是建筑信息的重要载体，建筑师在工程项目中所涉及的数字、文字、图像都是数据的不同表现形式，对于数据的采集、处理、分析、转换、交互贯穿于建筑的策划、设计、建造、施工等各个环节，贯穿于建筑的规划布局、形体建构、空间组织、结构选型等各个层面。"数据革命"推动了与建筑相关的技术进步，对同时代的建筑发展产生了极大的促进作用。

信息时代的"数据革命"使建筑设计发生了深刻变革，以 BIM 技术为代表的建筑数据化工具广泛应用于建筑设计、建造、管理等行业，通过参数模型整合各种项目的相关信息，在项目策划、运行和维护的全生命周期过程中进行共享和传递，使工程技术人员对各种建筑信息做出正确理解和高效应对，为设计团队以及包括建筑运营单位在内的各方提供协同工作的基础。以 BIM 应用为载体的项目管理信息化带来的不仅仅是建筑精度、效率与品质的提升，尤为重要的是促进了以参数模型为平台的协同工作模式的发展，促进了建筑向"以性能为导向、以需求为中心"转变，更促进了"形式追随数据"时代的到来。

"形式追随数据"所带来的将会是一场设计思维与创作模式的革命，它不是狭隘地将数字技术作为塑造"新奇"建筑形式的工具，而是充分发挥数据化协同工作模式所具有的可视化、协调性、模拟性、优化性，将创作灵感、使用需求、环境影响等相关要素通过数据平台进行有机整合，通过对数据的全面感知、收集、分析、共享，为设计师提供一种全新的看待建筑的方法——更多地基于事实与分析做出判断与决策，由注重结果的设计转为注重过程的设计，以此真正摆脱形式与风格的桎梏，赋予建筑创作更多的自由。

进入 2012 年，大数据一词越来越多地被提及，人们用它来描述和定义信息爆炸时代产生的海量数据，并命名与之相关的技术发展与创新。全球知名咨询公司麦肯锡在研究报告中指出，数据已经渗透到每一个行业和业务职能领域，逐渐成为重要的生产因素，而人们对于海量数据的运用将预示着新一波生产率增长和消费者盈余浪潮的到来，大数据可能带来的巨大价值正渐渐被人们所认可。对于建筑设计行业，与大数据处理技术的紧密结合将会极大促进以性能为导向的建筑发展转向。通过对建筑的各种性能进行更加精确的度量，高效完成建筑的能源管理、设施管理、空间管理与运营服务等可持续发展目标，使建筑如生命体一样，能够真正动态适应环境与生活，这将是下一代建筑具有广阔发展前景的领域。

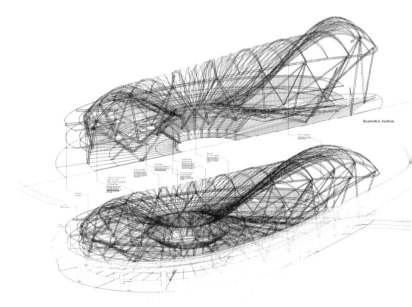

Axometric Section

06

建筑世态

建筑漫长的建造周期、

复杂的工程问题、巨大的人力物力投入

到了现代社会仍然让普通的个体

无法参与其中。

— 张震洲 —

第六期轮席主编

建筑学与摇滚乐

● 颜世宁

就在 100 多年前,音乐的定义还指的是由海顿、莫扎特、贝多芬等所代表的古典音乐,这类音乐由专业而庞大的乐团演奏,人们穿戴整齐地进入装饰豪华的音乐厅里,庄重的欣赏着一出出的经典剧目。与此同时,在美国的一些大城市里,黑人奴隶带来的家乡音乐演变为爵士乐的前身,但仍与普通民众有着一定的距离,直到吉他大师 Les Paul 给木吉他通上了电,在自家车库里边弹边唱成了人人都可以做的事情,摇滚乐有了生长的土壤。至此之后,不论是摇滚乐、流行音乐还是乡村民谣,都开始飞速地发展。

摇滚乐最核心的价值一直都没有改变:强调人人平等,反对权威;强调真实的情感表达,反对纯粹的商业运作。如果说古典音乐代表着古代贵族的审美情趣,流行音乐代表着当下市场的利益需求,那么摇滚乐代表着独立个体的真实情感诉求。从古典到流行,音乐脱离了权威化的统治,但又陷入了商业化的控制,而摇滚乐始终坚持创造更丰富的音乐形式和更多元的评判标准。摇滚乐队不分大小,重要的是实现自我表达;流派也不分寡众,平等地共存在摇滚乐的体系里。

同样属于理性基础上的感性创作，建筑学的发展相比音乐的进化面临着更大的障碍，因为建筑漫长的建造周期、复杂的工程问题、巨大的人力物力投入到了现代社会仍然让普通的个体无法参与其中。这就使建筑学实际上仍然是一个权威化的行业，区别是权威的主体在古代是皇家贵族和古典大师，而现代则是大开发商、财团和为其服务的精英建筑师；现代的权威也不再演奏古典乐曲，而是唱起了流行歌——经济价值大于个人的审美情操。

那么就可以理解，从古希腊、古罗马以来，经历哥特、巴洛克、洛可可，到装饰运动、现代主义、国际主义，主流建筑学的发展并没有表现出太多的可能性。所谓建筑，仍然是由地板、墙体、屋顶包裹的空间，只不过在古代是用石头和木头，现代则用起了混凝土、金属和玻璃。权威化限制了建筑学多元发展的可能，市场需求的惯性扼制了人们对于生活空间的想象。我们是否应该奇怪，在物质社会日新月异的今天，我们的住宅和五十年前基本只有大小的区别？

那么建筑学的摇滚革命在哪里？这是一个

必将发生的事实。工业技术的革命会重新定义建造，信息时代的超级电脑会扫清所有技术上的障碍，甚至有一天现实社区会被虚拟社区所取代，所有这些因素都意味着整个现有建筑学基础的崩塌。或者说在未来的社会，建筑学将被重新定义：广义的建筑学不再指由权威集团垄断的设计、建造的一系列专业过程，而是一个全民参与的、日常化的行为，就像收拾自家的后院一样；而传统的建筑学则变成专门针对某种特定类型建筑或使用者的定制型行业。

并且当建筑学融入日常生活，建筑的形式也将由使用者直接决定，而不再被商业市场左右。也许我们仍然可以为了便捷而购买建造完成的"套装建筑"，包括建筑商人大肆鼓吹的"最新潮流"，但这已经不是唯一选择，就像我们拿起吉他组建自己的乐队一样，我们创造自己的建筑，表达出自己对于空间的所有想象。城市将不再千篇一律，那种复制出来的商品化建筑不再主导城市的风貌，而是体现出更符合地域和生活习惯的特征。

也许所有这些离现在还很遥远，建筑学的进化也必将是一个漫长的过程。对于今天的建筑学，我们仍然要面对建造的限制、成本的制约、市场的需求，明星建筑师和大型设计集团把握着设计的风潮，开发商关注的是经济效益而不是建筑本身。但是我们可以向摇滚乐学习，时刻保持对权威的质疑和对商品化的警惕，用真实的情感回应真实的诉求，在限制重重的现实中保持着一些自己的立场和态度。

成熟建筑师

● 李进

2007 年和国内某大型民营设计公司老总一同出游欧洲，探巡大师足迹，甚是愉悦。作为谈资，一个话题至今印象颇深，那就是——"成熟建筑师"。这个词是这家公司在它的招聘广告中率先在国内提出的，因为这类建筑师极为紧缺而又无法简单用教育背景、工作年限、经历单位、项目实践以及职称职位等来界定和量化而产生的一个新"词"。既是新"词"，便出现了如何定义的问题，当时讨论激烈，似乎有了答案，但却是似而非。随便问个问题便不能严密地回答了，"一级注册建筑师"能不能算是"成熟建筑师"？

转眼 6 年有余，目睹了建筑设计界的巨大变化并亲历其中，常作无谓思考。在与同行经常性的一些交流沟通中得到一个有意思的结果，普遍受到认同，那就是建筑师的社会价值排位：

大师和天才（具有社会影响力的建筑师）
熟悉设计全过程长于方案的建筑师
熟悉设计全过程长于项目管理的建筑师
熟悉设计全过程长于施工图的建筑师
只会做方案的建筑师

只会做施工图的建筑师

突然发现，"成熟建筑师"的答案其实很简单，正如人最终要成熟一样，只要经历了，体会了，思考了才会成熟。"成熟建筑师"必须要有经历和思考。除了大师和天才，经历设计全过程并有所长就是"成熟建筑师"！换一个维度讲，一个建筑师只要正常生长而不畸形沦为上述排位中最后两种建筑师（其实这两种建筑师理论上是不存在的），就自然会成为"成熟建筑师"。在业界，"成熟建筑师"就是能够独立掌控项目并有很高完成度的建筑师。

不过悲哀有二：其一，在大规模，工业化，细分工的设计行业背景下，在一定的时限里，不少建筑师失去了经历的机会而变成了只会做×××的人，他们成熟的道路意外变长了，这和社会进步是不协调的。这种状况既是个人的损失，也是社会的损失。其二，很多成熟的建筑师甚至有些可以称为天才或可以做大师的建筑师，或做了老板，或从了管理。不能否认这批人对社会和行业发展所起的作用，但业界的巨大损失却是有目共睹。与之对应的是在无"成熟建筑师"

控制的项目中设计成果质量的每况愈下和业主的剧增的抱怨和投诉。业界不少的说法，比如什么"狮子可以带着羊打仗"，什么"今天的羊就是明天的狼"等说法是值得商榷的，或者说是不负责任的。因为建筑师的成熟必须经历过程。

业界渴望"成熟建筑师"！社会更需要"成熟建筑师"！没有"成熟建筑师""千城一面"，环境恶化等"城市病"还会加剧，没有"成熟建筑师"，城市文化面临断裂，没有"成熟建筑师"，社会资源还会继续被浪费！什么是成熟建筑师的答案仿佛已经有了，但还是没有！

其实成熟建筑师仅仅是设计，建造环节中必要但仍不充分的条件之一，与成熟建筑师相匹配的成熟的社会环境、社会心态、开发、监管流程、项目策划、定位、决策、实施、建造、监理、运营、维护、物管等环节是否成熟，决定了一个项目能否真正地成功。成熟建筑师的稀缺也反映了整个行业链中，各环节的有待成熟，有待完善。即使再成熟的建筑师也无法改变开发定位的缺失，物业管理的不到位。对于成熟建筑师的呼声越高也反映个体英雄主义情结，总认为有狼就能把羊群变狼群。**在设计、建造日益复杂，分工日趋细化的当下，系统化的提升、协调才是行业进步的关键。** 成熟的行业链条之下的成熟建筑师将有更客观的答案，井喷的地产开发时期，对成熟建筑师的呼声终将成为历史长河中一道奇特的风景线。

中国建筑师中坚力量

一期一会

—弱建筑

● 倪明

"一期一会"出自日本茶道师千利休。"一期"表示人的一生，"一会"则意味着仅有一次相会，与禅当中的"瞬间"概念有关，意味着每次的茶聚都是独一无二的，所以要珍惜每个瞬间的机缘，并为人生中可能仅有的一次相会，付出全部的心力。如果建筑师都有这样的觉悟估计甲方是要乐坏了！

赋闲在家2年，除了读书，也常想自己心目中想要设计怎样的建筑？终于依稀摸到了一点点轮廓，有了些启发。其实简简单单3个字就能概括："弱建筑"。这是我对八年从事建筑设计的一个总结，也将成为我未来设计哲学的依据。有这样的启发，除了工作外也源于对茶道了解，茶道"道"从字面的意思就是路径，但与其说是路径不如说"道"的意义是"在路途中"。

在日本，茶室叫数寄屋不过就是间小房间，本义即为"时兴之所"，有虚空之所的意思，这也是受日本茶禅一味思想的影响，而最具代表性是表千家的不审庵。日本人认为，大自然的美是超脱凡俗的，所以整个茶庭内部要有静寂美，不能有太多的石头，不能有蓄意栽种的花木，而进入茶室前首先需要经过以竹、木、草和纸等构筑而成茶庭，而其间空悬在路中的门，看上去弱不禁风，门中间是空的，大约是个方形的洞，需要屈身低头而进，希望每个进入茶室的客人有一颗谦卑的心态。在进入内庭后，顺着脚下的各种飞石，而石头会越来越小，客人会在非常滑的道路上战战兢兢地行走，最后来到进入茶室最后一个关口：长宽都只有 60 厘米的门，必须以两手支持，慢慢以膝盖进入茶室。表明外界和内部的不同，所有的傲慢，污秽都放在外面，所有的人都是平等的。而这种茶室中非跪行不能进入的小入口也许是世界建筑史上最罕见的设计，这种通过设计改变人的行为，从而改变人的心理，让人以身体力行的方式来体验无我的谦卑。茶室这种表现方式实际上是禅宗色彩的道教理想所结出的果实。道教和禅的哲学动力本质强调追求完美的过程超过强调完美本身，在无限变化的时空中，所有人事间的交会都是绝无仅有的特殊存在，因此茶道中讲究"一期一会"。从这个意义上讲，茶室谦卑低调，更像是个载体，用自己的微光来美化周围，并且融入其中。

相对于日本茶文化，中国茶文化经过一个断代期后，近些年才慢慢兴起并且不成体系，相对而言中国台湾发展却成熟有序。和日本茶室的纯粹刻意，台湾茶人对于茶室的理解却自然随性，食养山房就是代表之一。食养山房位于台湾岛从西往东翻越中央山脉的古道，自古道废弃后，山谷就基本被遗忘在荒野之中，而使用者希望最大限度地保持这里的自然风貌和山野气息，只是借以从前的农民旧有的石头房子加以灰色的铁架构，搭造了一点新空间而已，整个建筑不像是后来修建在这里，倒像和这里的植物一样，是慢慢生长起来的。而造园则遵从了陈从周的造园理念："园之佳者，如诗之绝句，词之小令，皆以少胜多，有不尽之意，寥寥数语，弦外之音犹绕梁间。"只稍作点睛，多留自然景致，少做人为干预，越少着意，越将自然风光显露出来。而茶空间则以减法为主，更多像一个喝茶的平台和容器，而没有过多的附加，在中国禅和道学文化中，"吃茶去"是一种生活禅，在这里，没有约束和拘谨，只有自然。安静，不是必须做的事情，是因为喝茶所造成的越来越单纯的态度；整间茶室不是摆给任何人看的，而是慢慢生成的，废弃的泡菜坛子做的花插，台湾老屋瓦砾做的烛台，安徽当地做宣纸淘汰下来的旧竹帘等，这些都是随性之作，信手拈来之物，没有刻意造作。

　　无论是日本茶室还是中国茶房，其实作为茶道的承载空间，实际上长什么样并不重要，因为你看到的东西和你感受到的东西实际可以是两个内容，意义更多是人们存在其中的感受，以及这种感受所带来的改变！由此也让我产生对于现代建筑设计的一些疑问，我并不否认外在存在即看到的现实意义，但这种形而下的做法，并非我所能够赞同，手法固然有重要一面，但是建筑设计本身应该还有更多的东西可以挖掘，它应该更像一个开放平台，让使用者参与其中从而不断演化，即建筑不再是以前的建筑而使用者也不再是之前的使用者；而非是个设定好界限的封闭盒子固化自封，如流水线上的产品一样缺乏生机。在我看来我所理解的"**弱建筑**"**并非外在的弱，而是内在的一种谦和**，它是个容器，人们可以身处其中赋予它新的意义，也可以是一块舞台的背景幕布，映衬着前面多彩的"生活"，但同时它又能润物细无声般带来有意思的变化，而又不强加什么！

禅里禅外

● 耿洋帆

中国人对于禅不陌生，它自古就是中国文化的一部分，或许是一处禅堂净室，或许是几个禅宗公案，耳濡目染，在记忆中都会有个隐约的印象。而今天，禅作为一种文化、一个符号又再度频繁地出现在公众的视野中，噱头也好，炒作也罢，它总带着点精神上的阳春白雪而又调和了世俗的现实需求。从主题酒店，到高端会所，从私人豪宅到社区景观，禅的概念被堂而皇之地放在桌面。在厌倦了华丽新奇的感官轰炸后，人们回头把禅作为一种审美的调剂，就像吃了许多鸡鸭鱼肉，还是会想念一道清炒时蔬。

禅外

从外在显现上，禅的确是可以被归纳为某种特定的审美趣味，如宁静、简练、朴素、留白、非对称、自然的材质等，而在文化符号上禅又被贴上佛家、道家、书家、茶家、灵修之类的标签。如此人们便可按图索骥，拼凑自己心中禅的图像。关于禅意或是禅境的营造就成了审美趣味和文化符号的组合混搭。这里禅和其他的很多概念一样，成了时尚品或是消费品，至于禅带来的帮助也许很多人都没有这个时间和耐

心去了解了。大众对禅的憧憬到头来只是"我本将心向明月，奈何明月照沟渠"。不是禅有多么曲高和寡，而是太多时候我们太匆忙，目的性太强，把自己挡在禅外。

禅里

和把禅当作消费品不同，另一种极端的想法给禅蒙上了玄妙、神秘的面纱，好像禅只属于某一类人，从而失去一探禅里的机缘。除去宗教的外衣，禅的运作原理有着清晰简单的逻辑。如听音乐，在嘈杂吵闹的环境中人根本无法听清音乐的旋律，只有在静下来后才有可能欣赏，这里"安静"和"欣赏"就好比禅的两个根本组成部分，"清明"和"觉知"。也许我们从来没有听到过"安静"，但就像在音乐会上，邻座的观众大声地聊天，此时我们会前所未有的渴望安静。然而在实际生活中如同噪声一样的障碍并不都来自别人，影响我们欣赏世界的很多时候反而是我们自己。同样是音乐会的比方，旁边的人也许很安静，但自己却可能心不在焉，想着其他事情。用禅的观点，我们正在浪费此时此刻。所以我们需要清明，清明的目的就是要为自己争取空间，不被别人打扰，也不被自己打扰，接下来的觉知就会处于有利的位置，也许是音乐，也许是茶，也许只是一片落叶，没有被占用的心看什么都很欢喜。

禅境

场景的渲染常常始于制造空白。很多设计师往往害怕设计中的空白，唯恐手法不够精彩，细节不够丰富，而禅境的营造却反其道行之，感官的抓取借由"空白"而得到解放，单纯的场景让人去除过多的杂念，把心情平静下来，和日常的俗事有一个距离。不对称，不规则甚至是随意性的场景取法天然，如同植物生长的自由性，不对称在静态中蕴含了生长的动感，体现出禅的生命力。在边界的处理中，设计模糊人造与天然的界限，让观者"彼""此"不分，"里""外"不分，室内室外并不明确，庭院也没有清晰的范围。人造之境和自然之境借此模糊了边界，在感受上更接近一元。打破"物"与"我"的二元对立是禅的结果，如此觉知便不会困在非常有限的自我的身体内，进而延展到更广阔的范围，更细致的深度。

在境界的营造中，人的行为也是被考虑的因素，收放之间起到心理暗示的作用。约束行为是内心安定的伊始。典型的有茶室低矮的门扉，要来宾弯腰低头进入，此时你不管是王公大臣还是庶民百姓，你的身份由此即留在门外，进来便是清静平等。不仅是约束行为，在禅境中对于感官的控制也非常在意。"五色令人目盲；五音令人耳聋；五味令人口爽；驰骋畋猎，令人心发狂。"感官上的求逐使人心狂意乱，不能得清明，所以在禅境中务求单纯洁净。不管是材质的选择还是陈设的安排，都尽量避免繁复，不引起人格外的注意和好奇心。往往最好的设计让你感觉不到它的存在，一切都是那么理所当然。可以看出，这一切的准备和渲染都是朝着同一个目标"清明"，让人从感官到心情都有一个沉淀，而关于"觉知"说是留给主人翁，其实也会有线索的提示。比如风铃，我们看不见风，风铃作响提示我们当下风起；比如醒竹，醒竹敲打告诉我们水流不止，时光流逝；比如树木花草，为我们上演四季变幻，枯荣更迭。时间的迁流中并没有一个可以抓住的境界，在禅境中对此的觉知让人放下各种企图，回归生命的自在。

建筑还俗

●冯果川

中国的建筑实践是：学术性的建筑设计脱离现实生活，现实生活中的建筑设计不讲学术。当下的社会状态是用暴力进行压抑利维坦巨兽与用欲望诱惑的美女蛇的合体，这样一种离奇的社会现实造成了中国建筑实践的一个特点就是——"分裂"。

翻翻国内那几本专业杂志，就知道中国的所谓学术型的建筑实践大体有两类：一类是遵照国家的主流意识形态唱颂歌的，无非是城市中那些壮丽辉煌的形象建筑，最牛的当然是国家级形象工程——北京的鸟巢、国家大剧院、上海的世博会中国馆等。

另一类是给有钱的大爷唱小曲儿的小众建筑。中国的富豪们已经不满足于收藏古玩字画，于是开始请建筑圈里的名角儿们给他们设计个房子收藏。这类建筑师在国家体制的壁垒面前一脸不屑的同时悄然期待着有富豪一掷千金让他们有机会盖个小别墅或者会所。可是无论宏大的形象工程还是文艺范儿小清新建筑都是与大众日常生活没一毛钱关系的建筑，而且这些学术范儿的建筑讨论的理论问题同样也远离我们的日常生活：主旋律建筑讨论如何在建筑上体现中华民族的伟大复兴，小清新建筑讨论什么建构、地域性，建筑如何表达建筑师个人精神世界的高深等。

另一方面我们的生活中充实着大量商业化的建筑，但是这些建筑却是学术上的哑巴。什么住宅楼盘、商场、写字楼、酒店等光鲜亮丽却上不了学术的台面的。因为设计这些住宅的建筑师完全俯首听命于市场，一心做好服务，确实也没有想过他们的设计要有严肃的学术性。

我觉得这种学术和市场分离，是两路人马各自找到的安全的生存之道。搞学术的人脱离社会现实选择很安全对象专研较真、批判，煞有介事。不脱离社会现实的建筑师又不批判，只求闷声发大财。为什么会这样？本来建筑学作为现代性的代表性的学科，是一个具有批判性的价值观内核以及与这个价值观一致的方法论的结合。但有时在中国，建筑学与其他文化一样批判社会现实的时候是有所保留的，所以当代我们的建筑实践变成阉割了批判性内核后表面化空洞的方法论的代偿性增生，在中国没有什么风格和手法是不可接受的，建筑师们纷纷炫耀各种手法和技术，掩饰着思想内核的空虚。

我并不认为这些缺乏批判性的主流实践没有价值，主流的建筑实践对中国建筑设计水平的推动是很大的，而且也会继续强势地存在下去。但是主流的建筑实践束缚了我们的头脑，建筑师不敢想象我们的工作可以推进社会的变革。我们需要有敢于直面现实的建筑师，指出建筑实践的局限，不以技术中立为借口去逃避。我提倡建筑要还俗，是希望将严肃的思考带回世俗生活。我们的建筑学术不该只是不食人间烟火的阳春白雪，而是将建筑学中的现代性的普世价值带入日常空间的营造，以空间来肯定人性、自由、平等……

还俗的建筑学可以去释放人的欲望，当建筑师从普通中国人的角度理解他们的境遇和感受，就会发现西班牙风格等那些被建筑学者视为荒诞不经的风格化、风情化的设计恰恰是中国人正常的欲望对象。想想自 20 世纪 60 年代起就住进毫无特色的赫鲁晓夫楼的城市人，在那种不被尊重的空间中像生产工具一般被分类储存的人有钱后会喜欢现代主义的简约外观吗？他们不断落入欧陆风、西班牙风格豪宅的恶俗陷阱中是因为他们的欲望长期被压抑，如同从小吃糠、啃树皮的穷苦人上了酒席，肯定是直扑油腻腻的红烧肉，而不会选择"健康"的粗粮和青菜。西班牙住宅就是建筑中的红烧肉，吃多了不健康但是解馋。对于西班牙风格的住宅不该简单一棒子打死，它确实是人们扭曲的欲望，但更是一个扭曲的社会现实的产物。只有释放了这扭曲的欲望，人们才能走向健康。

还俗的建筑学还可以建构人的尊严。按照人类学的一种观点，尊严需要通过仪式来建立和体验，建筑中可以通过营造仪式性的空间来催生仪式。比如我们筑博设计有一个常用的分析图是讲小区规划，从小区入口到住宅入户有七个需要关注的节点，其实就是七个仪式性的空间。通过营造这七个仪式空间，人们在回家的过程中就可以在不经意间体验到尊贵。

还俗的建筑学还可以讨论住宅如何生产家庭伦理住宅的空间序列是关于私密性的叙事，也是等级的建构。通过空间序列的深度关系，现在普通住宅的空间序列大多雷同，基本都是入口玄关—客厅—次卧室—主卧室这样的空间序列，这个序列中私密性和权力等级随着深度的增加而增加，主卧室通过居于序列的最深远处而占据了家庭伦理的最高位。这种空间序列与市场化之前的赫鲁晓夫住宅那种没有深度的平等空间布局非常不同，赫鲁晓夫楼的空间是摧毁家庭伦理的匀质化空间，现在住宅这种趋同的空间序列或许是对那个没有伦理的空间的强烈反弹。

还俗的建筑学是从市民利益的角度重新观察城市，我们会发现城市中的建筑设计往往涉及空间资源的重新分配，涉及市民的空间权益。我们设计的南宁城市规划展览馆就是个例子，这座位于山脚下的建筑，如果按照常规做法就会在道路一侧留出空旷无用的广场以衬托建筑的宏伟，为了留出这个广场，建筑必须后退，并挖掉部分山体。我们的做法是建造建筑的同时为市民营造更大更有趣的公共空间，所以我们的建筑没有后退留出空旷的广场，所以对山体的影响最小，建筑的屋面做成起伏的地景与山体相接，于是山体公园的面积不但没有减小，反而扩大了。市民因为我们的建筑设计而获得了更大而且更有趣的公共活动空间。

还俗的建筑学思考如何拉近人与建筑以及人与人之间的关系，在公共建筑的设计中通过将建筑的边界模糊化的处理，去除台阶、隔墙等建构等级和封闭性的构件，营造出平易近人的建筑，让人们不知不觉间毫无压力的进进出出。

深圳是商业化实践比较成熟的城市，曾经也是中国建筑实践的前沿，但是常年埋头处理实际问题的深圳建筑师逐渐失去了在学术上的话语权。这些年北京、上海两地建筑师在高大上和小清新方面都远远超越了深圳。但是，换个角度看，深圳有着相对宽松的政治氛围，更有平等和相互尊重的城市文化，深圳务实的建筑师的价值观已经呈现为回到普通人的日常生活，解决实际问题的倾向，如果能有独立的思考，坚持传递人本价值观的建筑学，或许一种严肃的根植于日常生活的建筑学将从深圳开始……

07

外围观建

建筑功能面对的是人的欲望。

新的建筑，

不是新的表皮，

而是前所未有的功能模式所带来的，

类型学上发生根本性变化的建筑。

— 曾冠生 —

第七期轮席主编

后参数化

● 鲍威

一

本以为参数化是一股风潮，至少在西方以及中国最清醒的建筑圈已经处于对其批判的阶段，可通过刚回国接触到一些设计机会，感觉其在中国是极具市场的，尤其是对于三四线城市经验并不丰富的甲方。这一现象背后的原因是什么呢？

今天的参数化风兴起于西方，然而西方建筑史是具有批判性的，参数化美学的兴起与发展具有一定的延承性，只是众多思潮流派中的一支而已，因而业界对其认识很客观与理性。在中国，我们不具备西方的批判精神，凡是新鲜事物，拿来就用。表面上看参数化是时代的代表，对参数化的承认好像是对时代最先进东西的承认，这是不正确的联系，是典型的设计领域暴发户思维。

还有一个现象，即当今参数化在建筑上运用最多的即为对建筑表皮的表达，那让我们做一下相关考古工作，从现代主义讲起。现代主义运动的核心回应了当今人们生活的需求，已经将建筑功能的问题解决。后现代主义相对于现代主义而言，又将建筑的表意功能提上了设计的日程。虽然后现代主义是建立在对现代主义批判的基础之上，但其内核仍是现代主义，简单理解就是文丘里的"鸭子"，功能性的内核外面加上表意的表皮。这个"鸭子"可以是古典的柱式，可以是各种人造符号，当然也可以是人造世界之外的领域，即抽象的形态。这里的形态可以理解为对自然形态的模仿、对其形式生成法则的抽象或者是对其数理逻辑的表达。因而，我们今天所说的参数化表皮其实还是文丘里"鸭子"的继续，还是在广义后现代的范畴之内。只不过这只"鸭子"被赋予了新的表意内容。

二

如何以批判的态度来对待今天的参数化？建筑最关键的问题是如何回应人们的生活方式和使用方式，如果参数化脱离这个主旨，只会流为形式主义，一种纯粹的恋物癖。那让我们看看正常的爱恋和恋物癖在三个尺度的表现，即家具尺度、建筑尺度、城市尺度。

家具尺度对恋物癖的宽容最大。家具相对功能单一、成本低、易实现，参数化新美学的表现自由度最大。当然如能在此基础上加上正常爱恋，将会最好。

建筑尺度涉及面广，使用功能复杂，恋物癖很受局限，因而有我们前面说到的应用最广的部分，即建筑表皮，也是建筑中和家具尺度所面临问题最相像的一个领域。建议的爱恋方式为，多涉及建筑空间的构成，进而回应使用的需求，达到表里如一、浑然一体的结果。

城市尺度不可能有恋物癖的存在。现有的城市基本是以自由资本主义为代表的社会经济模式固化的产物，现有社会形态一定是在这个机制作用下形成的，其单体建筑必然反映一个资本单位的需求和利益。而恋物癖城市主义需要一个统一的蓝图，每个建筑只是构筑这个宏伟蓝图中的一个组成部分。如舒马赫的"参数化城市主义"，这样的城市形态只能存在于完全集权的国家，服务于有着同样恋物癖的最高统帅，而这在现实世界是完全不可能实现的。建议正常爱恋方式为，如智慧城市那样对现有城市的使用进行更高效的管理与更新，或体现在对城市建筑间形态关联度的表达上。

三

我们今天说的参数化难道就是新生事物吗？恐怕不是，参数化的概念和应用比我们想象的都早。中国的《营造法式》就是参数化的代表。用定量化的语言来描述一套形式和建造体系的逻辑，都是通过设定"参数"来进行对建造的控制，如落柱的形制、斗拱的抬升模数等。这套系统是灵活的，可以随着不同的建造需求进行变化与适应。同样在维特鲁威《建筑十书》中，有对西方古典建筑柱式和开间比例的描述，通过设定"参数"来对最后的建筑形式进行控制，其意图和所达到的目的与营造法式异曲同工。可见参数化的思维模式在中西方古典建筑生成法则中扮演本体的角色，是最早的参数化。我们今天的参数化其实已"后"了古人几百年。

两座道场

● 骆可

九年前有缘探访净土宗祖庭青原山净居寺。

苍山云栖，舍车步行。未几有溪水跃然眼前，涓涓淙淙叮咚玲珑。溯溪而上攀爬数里便见山泉翻动处一粗陋石砌滚水坝，对面立有一八字敞开青瓦黄墙的古朴山门。推开门去，竟有一方形大水面涌入眼帘豁然开朗。抬眼望去，一座千年古刹稳稳漂在水上，仅留一石桥与山门相连。水上还漂着数件香炉宝鼎，一时香烟袅袅，蓬草蒿蒿，烟水映照，如临仙境，好一座道场！此岸彼岸是否正因那三千弱水，奈何长桥而花叶两隔，丝缕连接呢？身心舒展，放下执念，清风线线禅音隐隐，池水幽幽涟漪点点，怅然若失恍有所悟。便离开许久，仍疑心那砖瓦木石，殿堂桥榭是否浸染佛法，否则怎可如此涤荡凡尘，及至口不能语，心向往之？

两年前夜游拉斯维加斯，竟有类似幻境体验。

蛰伏沙海的赌城似昼伏夜出的妖姬，黄昏时慵懒地睁开秀目，随着间次绽放的华灯，凝聚起第一抹摄人心魄的妩媚：九色霓虹施以浓脂艳粉，标牌酒旗插上金钏步摇，追光灯柱勾勒蛾眉云鬓，喷泉水汽缥缈半臂纱罗，高屋华厦是其肥美凝脂，绕梁媚音是她恣情小调——俄而这位绰约旖旎的舞娘惊艳登场！周旋其间步移景异，眼球渐跟不上节奏，一种昏眩逐渐晕开，仿佛脑干中注入一剂吗啡。浪笑声、吼叫声、放歌声、哭喊声，混杂着警笛刺耳的尖叫和响彻云霄的艳曲，调和成一盅荒诞的鸡尾酒，仿佛路西法的留声机遗落荒野，收纳了世上一半靡靡。空气里氤氲着香艳的迷幻剂，无形的手剥去所有人日常伪装，抑或是所有人无意识地被卷入一个纵情的假面舞会，此时此地，此非此，彼非彼。

两座不同的道场，一念成佛一念成魔。

在"纯真年代"，教堂作为石砌圣经，可让只字不识的人领会教义约束行为。而当今消费主导的时代有其新的上帝，商业世俗建筑成了新的圣堂。二者共通点乃是用无字语汇来让人体悟潜藏奥义，产生预设应激行为：冲动和膜拜。宗教与世俗，无声的蛊惑，无息的催眠：或佛法无边，普度慈航；或造化玄幻，声色当下。

建筑学人多少是有精神洁癖的——这大抵与象牙塔里求学经历有关，然而却在一定时期可能造成个人审美的单一维度。

以我为例，九年学院生活经历了从布扎体系基础培训到瑞士 ETH 模式教改，从概念装置训练到宗教建筑实践，及至后来在 GSD 研修设计和古典建筑史。按彼时理想，当是效法海杜克、路易康、斯卡帕、卒姆托，克己复礼侍奉那行于海面上并指水为酒的。

一切转折于 2008 年金融海啸——压力下阴差阳错成了商业建筑师。毋庸讳言，彼时颇有几分"良家女堕入青楼"的恨意。孰料这竟成为不再坐井观天的机遇：天地宽阔如此，大有玄妙。

商业建筑界摸爬滚打四年后，深感每座建筑都有其美学属性和社会属性——二者相互博弈又相辅相成。当建筑足够小，或功能足够单纯，或以空间对人的行为包容性足够强，其美学属性就会彰显，成为带有设计师个人色彩的艺术品；而当建筑体量足够大，或功能足够复杂，或以空间对定义人的行为必须保持极高灵敏度时，其作为社会产品的角色会愈加突显。

　　转战北京后从乙方走到甲方，更体会到"鸡同鸭讲""迷失东京"的尴尬。举个三里屯SOHO的例子。项目是红极一时的隈严吾作品，华丽清新的纵向彩条表皮是其标志性签名。而商业地产界常会将其与一街之隔的太古里对比来阐释抛售型地产与自持型地产的巨大落差。但这绝不是造成前者门庭冷清回报低下的唯一原因。实地探访发现其在商业设计层面存在诸多缺陷：譬如将零售层分别围绕多个塔楼切割成若干岛状小裙房，形成商业大忌的迷你大厅；每个岛状裙楼中都插着巨大核心筒导致店铺普遍进深很浅，缺少集中式大型中庭来吸引容纳人流；再者全区无主力店牵引，无标识指路，令人不知所往如入迷途；其三，隈严吾将外表皮竖线条语汇移植到室内公共走道栏板，及至完全遮蔽视线，使得置身本已极小的内中庭如坐井观天，在任一层均看不见其他楼层店招，折减了到达欲望；四者，大量使用了凸曲线，在遮挡视线同时创造出不少使用效率低，有效进深甚至不足四米的小铺。这一切盖是为了实现设计师用一片蜿蜒的外广场，纵深贯穿多座裙房的意向。

大师由此得意而圆满，老潘抛售铺面掘得真金，却苦了接盘的投资客和终日不见客人的店主们。

我们喜欢谈城市、公共性、使用者心理，仿佛已然在游刃有余地处理美学属性时完备了对社会属性考量，而在换到甲方视角后才发现个中分野仍巨。

举个孙河中央别墅区双泷原著的例子。初看沙盘时大跌眼镜：齐整整豆腐块儿一样的独立住宅间距仅一米！既不能走车又浪费了用地，多么"荒诞"！为何不把间距拉开三四米或干脆建成联排住宅？资深人士揭开了个中奥秘：这是个以营销为导向的设计——北京有拨年过四十的人，已完成在市区塔楼里升级居所的目标，仍想在郊区拥有独立住宅，但并无力购置真的豪华别墅。为抓住这样的客群须量身定制此种"类独栋"产品：虽只间隔一米，但确保了每户不必再与邻居共用山墙。一米的尺度恰巧妙满足了业主对于私密性、专属性的诉求底线，因而大卖。户内地上三层均为行货地下空间却让人吃惊：竟做了 4.8 米的地下室！这样一个大空间被设计成红木书橱环绕四壁的图书室：铜制地球仪、精美丛书、禽鸟标本、毛皮地毯、锃亮套椅，俨然英伦乡绅大宅。四壁各有一拱券，其后藏有两层 2.4 米的楼座：酿造储存一体化的酒窖；完备的影音室，私密的棋牌室，配全套机修设备和转台的酷炫车库，放架子鼓电吉他的乐队间。与邻居脱开的那一米空间也未浪费：用一组券廊构成悬挂家族照片和油画的微型展廊。地下室分明成了家庭精神堡垒！这一切不正是为荷包微鼓且品位不俗的中年客人量身打造的么？营销为导向，熟稔而陌生的语汇，那一刻却让我若有所思拊掌称妙。

2010 年以来的四年，离经叛道也好，自我放逐也罢。从一座道场走入另一座道场，眼界更加宽阔，评价体系更加多元。这或是件好事。

忒修斯在被送入米诺斯迷宫之前，公主阿德丽娅娜赠予其一把削铁如泥的魔刀和一只指引方向的线团。凭这两件法宝，他斩牛怪出迷宫成就英名。每位建筑学人终其一生都渴望手刃自己的米诺牛来献祭心中神圣，然而现实世界是座小径分叉的花园，权衡辨伪其间，那线团应是更可贵的馈赠。

文化产物的建筑时空

● 张盈帆

对柏格森（Henri Bergson）而言，生命是意识流的整体。时间是一个延续的概念。每一个现在，有着它的过去和未来；现在存在于过去与未来的切变当中。"时刻"，是过去、现在与未来的三位一体。"时间"，流淌着，由无数"时刻"的点和点集组成。这是时间概念的拓扑学。

对时间的认识颠覆了我们对建筑的理解。在华沙历史博物馆的竞赛中，我们尝试着从时间的角度，赋予建筑空间、流线及功能更精确的定义。我们把波兰历史的五个阶段转译为五条时间轴；时间轴的交叠构成了时间矩阵。矩阵定位了历史事件在空间中的抽象关系。观展空间由线性的、自上而下的变为点阵的、开放的。观者自由地穿梭于历史点阵之间，观者的流线勾勒出了个体对集体记忆思考的轨迹——个人的历史观就此成型。在不经意地漫游中，前所未有的历史碰撞产生了。而这些历史的关联，能让人从新的角度审视历史。历史博物馆，不再是膜拜"写就历史"的地方，而是创造批判性历史解读的地方。

时空

时空，就如硬币的两面，是同一事物的两种状态，对立而平行。时空一体，时间的迁移带来空间的变换。时间无形，空间是时间的一种表达和诠释。相对于时间而言，空间是物质的，具象的。空间，以互位、交替及通变的方式，对时间进行着再创作。

在敦煌博物馆的研究中，我们用建筑尝试着文化时空之间的转译。不同时代与信仰的石窟，组成了莫高窟这个时空场域。莫高窟呈现了新的文化论点：文化并非单一的，而是以共生的方式存在的。与罗列展品的博物馆不同，敦煌博物馆展示的是文化的合体：同一历史事件的在不同时空下的表象。当观者透过一种文明阅读另一种文明的时候，文化间交融、过渡或衍生的脉络似乎更为清晰可见。

空间语境

地貌是最原始的空间语境。具象的山水，在人的意识中潜伏着；山水予以的启示，再现的时

候，升华成艺术、史、哲等抽象的语境。抽象与具象的语境继而相互推动着，最终形成空间语境的整体；而这一整体，不是静态的罗列，而是动态的平衡。

曲靖五馆项目的文脉分析，让我们深刻理解地理与人文的一脉相承。云南浓烈而厚重的梯田地貌，全然渗透到爨碑书法的笔风及云南版画的表现形式当中。这里的建筑，必须要对这片土地强烈的存在感做出回应。我们将五馆中历史博物馆的入口作为设计的重点，把入口空间提升到建筑的中部，让参观动线始于一个统摄性的空间节点，以此提升观者的历史自豪感与使命感。通过退台与反退台镜像关系的塑造，我们力求用混凝土诠释出云南的大地印象—天空与梯田中宛如立体主义画作的天空。当人们穿越这一纵向景观而到达展区的时刻，地理与人文悄然融为一体。

文化产物

文化产物来自于空间语境，而又是空间语境的一个组成部分，就如建筑之于文脉，时刻之于时间。文化产物中有时空。八大山人画作中大气磅礴的非对称式布局反映了他的政治定位：作为当政者却逃离政野。寥寥几笔，再现了明末清初颠沛流离的政治时空及当时的人文。其画作中对节律的把握，及蓄意拉长的某一瞬间，是对最根本的哲学命题生与死的拷问。

在广西文化艺术中心的设计中，通过对绣球的解构，我们从壮族艺术连接社会生活个体与群体的方式中，发展出一套属于八桂文明的城市空间序列。绣球是一个由延续曲面环绕而成的复杂三维几何体。结合基地特征，我们将绣球的几何模型进行横向拉伸，作为建筑的空间构架。主体的动线，在构架的基础上，随着曲面展开。时而开放时而私密的空间序列，沿着景观轴线，定位排布，在内外相继流动的空间中，完成城市生活与艺术的过渡。

同一需求，因时空不同，理解不同，衍生出不同的文化产物。由需求的重新定义所带来的变革是跳跃式的，而非渐进的。建筑功能面对的是人的欲望。**新的建筑，不是新的表皮，而是前所未有的功能模式所带来的，类型学上发生根本性变化的建筑。**

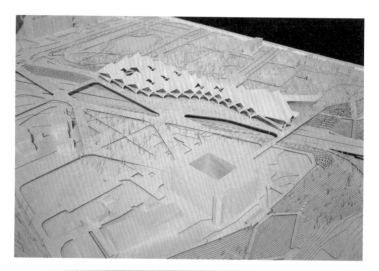

微品景观都市主义

● 赵星华

　　20世纪70年代是西方后现代主义建筑和城市设计学科兴起的时期。后现代主义者批判现代主义建筑难以营造"有意义"且"宜居"的公共环境，与城市历史和文脉割离，无法得到广泛受众的接纳。这时恰逢美国工业经济衰退、消费市场日益多元化和城市形态的去中心化发展，城市密度经历旧工业时代的剧增和汽车时代的骤减过程，新老问题并存。后现代主义者与城市设计学者纷纷把焦点转向建筑组团和城市尺度的问题，回归传统的城市价值，营造友善的公共空间（步行尺度、街道网络）、延续城市文脉，试图借此抚平工业经济时代的城市断痕，并满足多元化的受众和消费市场。

　　这些尝试却往往显得力不从心。汽车普及、资本快速流动和城市去中心化发展让当代城市越来越瞬息万变。为了应对城市密度、功能和文化需求的快速演变，传统的城市设计手段显得费时费力且一成不变，相比之下，景观设计手段则更灵活且行之有效。近年西方不断涌现出一批新型的城市开发项目，包括新机场、物流区、滨水城区开发、城市水系整治、污水处理设施等，力图优化城市基础设施和景观以满足当代城市的需要，而景观也渐渐成为城市基础设施范畴中不可缺少的一部分。景观都市主义的提出将景观从传统的"生态、自然"概念中解放，而与城市基础设施并置，提出以城市基础设施和公共景观为手段和机制，借以塑造城市环境以适应其未来的经济、政治和社会需求。

以下是几个不同尺度的案例，它们以独特的方式塑造着各自所在的城市环境。

首先不得不提到的是纽约中央公园，她是美国历史上第一座城市景观公园。中央公园在寸土寸金的曼哈顿占据了不可思议的 843 英亩（约 3.41 平方公里）用地，它对整个城市环境品质的提升有目共睹。无论是公园周边飙升的地价还是每年约三千五百万游客的访问量都足以说明纽约人对其的喜爱。如果没有中央公园，曼哈顿的宜居程度将会大打折扣。建成至今 140 年的时间里中央公园伴随着纽约的兴衰变迁经历了若干次衰败与复兴，其功用也在最初单纯的自然景观之上增加了休闲、娱乐、健身的功能，逐步又引入文化政治事件。中央公园的概念从被欣赏的对象转变为具有象征意义的场所，从单纯的景观提升到政治文化地位。可以说没有中央公园的纽约很难有如此强大的文化艺术影响力，这里景观成为推动城市发展的动力。

景观都市主义的案例在纽约比比皆是，再如近年完成的 Highline 公园。

1999 年，Highline 的整修工作启动，要将废弃铁路改造成一座城市绿化公园。主体工程已经于 2009 年和 2011 年相继对公众开放。Highline 公园的改造得到公众的热爱并迅速带动了周边的城市发展。纽约市长彭博称赞 Highline 公园是整个城区的"复兴"，仅 2009 年当年 Highline 途经的街区内就新增 30 多个地产开发项目。旧的高架铁路以另一种方式延续着她的城市使命，由工业时代的交通基础设施转变为具备休闲娱乐功能的景观基础设施。景观不仅让旧的基础设施面貌一新，还有效地将其与周边城市肌理进行缝合，拉动了整个城区的发展。

德国斯图加特的规划布局是对景观都市主义更为宏观的呈现。城市周边的山丘局部高达 300 米，地势高差和植被密度差异引发了空气流动。为了充分利用这一天然条件，斯图加特利用城市道路和开放绿地充当风廊，以充分疏导自然通风，缓解城市热岛效应。通过多年的风向观测来辅助规划城市路网，严格控制建筑选址及其体量以保护城市开放空间，避免对空气流通的阻碍。每逢夜晚，清洁的冷风自山顶而来，沿着城市道路吹过，为城市清洁降温。

某种意义上景观都市主义为西方工业经济时代城市遗留问题提供了"亡羊补牢"的方法和理论支持，为当代城市的发展开出了药方，也为城市的未来发展留出了空间，可谓一举多得。与西方城市相比，中国的城市化发展似乎尚未经历起伏的过程，仍以空前的速度和尺度膨胀，但中国的城市问题来得更加迅猛。西方景观都市主义理论提倡的从公共环境和基础设施层面介入城市改造的方法值得借鉴。**它不仅能从宏观层面指导、调节城市化进程，也能从微观尺度上将快速膨胀的城市版块有机地缝合起来，引导城市的未来发展。**

走出迷楼的第二种人

● 马晓瑛

迷楼，古希腊神话中的 Labyrinth，是一座用来囚困牛头人身怪兽的精巧建筑。现在的人们常常将"迷楼"比作"社会"，把"巨兽"比作"欲望"，把征服迷楼的人当作英雄。有趣的是，整个神话中，只有两个人物进入迷楼后得以复出。第一个人，选择了以鹰羽附身，飞身逃脱；第二个人，手持长线，放线而入，后循线而出。毫无疑问地，艺术家们喜欢把自己比作第一种人，振翅高飞，洒脱奔放，即便羽毛被烈日融化，坠海成仙，也在所不辞。很多建筑大师，也是"飞人"，能够超越欲望，逃脱体制，是件难事。他们能得以成功或是仍在不懈努力，都是勇气。今天，我想谈谈这走出迷楼的第二种人，看似循规蹈矩，也很珍贵。

因为工作的缘故，我有很多机会和国外建筑师一起紧密工作。撇开良莠不齐的行业规律，接触到了若干非常有职业素养的优秀建筑师。这里的优秀，并不一定是大师，但却一定可以做出精致到位的好建筑。慢慢地，我体会到了国内外建筑行业的发展差距，其中之一，就是对建筑师角色的多样化定义。

在国外，建筑师不仅是设计师，也是协调人。以美国为例，建筑师全包责任制下，建筑师与各设计顾问是第一层的甲乙关系，然后业主才与建筑师构成第二层的甲乙关系。如此一来，建筑师是各设计专业的全包负责人，权利和责任都很大。设计管理工作便主要由建筑师团队的项目经理承担，负责各顾问及与业主、工程管理或承包商之间的协调。国内，设计管理工作则通常由甲方的设计管理部承担，所有顾问的协调都是以甲方为核心，而非建筑师。

在国外，建筑师还是落实者。还以美国为例，一个职能完善的建筑公司中，设计建筑师与执行建筑师各自的角色完整、价值相当。前者负责概念及形态，后者负责完善与落实。一个项目的各个阶段，设计建筑师和执行建筑师交替领跑主责，同时都极善于从自身的角色给出合理的建议。一个项目跑下来，国外建筑师们合理的分工、专业的输出，特别是工作中的自律和严谨，给了我非常深刻的印象。

不仅如此，工作中的国外建筑师，还都是"处女座人格"的细节关注者，他们在管理和协调中表现出的专业水平也很夺目。以日常邮件为例，国外职业建筑师往往每封邮件都有规范且一目了然的主题，并且与每个对接方都有明确的抄送名单，而且会对所有邮件进行备案。邮件不规范造成的沟通不全、信息不完整、存档不利，都将可能影响整个项目的工作效率。

以合同执行为例，国外职业建筑师对于所签合同的工作范畴、差旅次数、违约情况有非常清晰的概念，对于接收的工作指令会有详细的存档，对于变更流程和额外付费方式也有明确的要求。对过程进展的存档，对额外服务的收费，对发生变更后的维权，是国外建筑事务所经济运作的命脉之一。

以召开会议为例，国外职业建筑师更是对会议议题、会议节奏以及会议成果的总结、后续工作的计划落实，都有全面的把控。他们清楚地知道，如果没有严谨的开会习惯，那么那些每天占据你最多时间的会议、讨论、沟通，都不能回报你应得的成果。如果没有整理，那些悬而不决的细节、不了了之的话题，就是你最后对会议成果的模糊会议。

　　国内建筑行业中，大型地产开发商的设计管理部不断壮大，承担着建筑师"协调和管理"工作的现象，是个很有意思的中国特色。反过来想，如若在设计不错的同时，兼具国外建筑师全专业责任制下"协调""落实""管理"能力，都有可能成为中国建筑师独有的竞争力，成为你不可或缺的理由。回头想想，单一地在建筑教育中强调设计的重要性，而忽略了建筑师多样的职业定义和组成，是一种把建筑路越走越窄的危险。**在中国，要把建筑做好，除了能做设计的大师，我们还是缺少能把建筑的工程性、技术性、协同性都完美实现的第二种建筑师。**就像迷楼中的怪兽，死在第二个人的手下，对于第二种建筑师的呼唤，会是中国建筑师行业多样性重塑的必然。

08

超越需求

当一个设计变得简洁的时候，

设计师得到的并不仅仅是

形式上的力度，

最重要的是，作者读者都因此

获得了空前的自由。

—— 彭金亮 ——

第八期轮席主编

极简的意义

● 彭金亮

前两天凑热闹了 CCDI 一个城规项目的讨论。该项目非常有意思，并不是眼前经常做的那种一大片弄个图案的活，而是针对一条地铁沿线开发做的带状设计。设计团队做得非常用心用力，几乎把整个条带全给整了一遍，洋洋洒洒一百来页的 ppt 看得很过瘾。

我忽然想起来很久以前我在法国做的一个项目，也是一个旧城市的改造项目。因为当时是拿着联邦的援助经费过去的，所以我们结合经济师团队从资政业务开始做起。开始是事无巨细的调研，几乎已经到了无目的扫射的地步。然后每天根据调研回来的结果开展团队讨论最终在两周之后模模糊糊的确定出整个城市将来可能的图景。接下来的工作就显得目标明确了很多。我们又花了约一周时间精确化了图景并和政府进行讨论，在政策层面推测这个图景最终的实现可能性。几周的研讨之后，草案得到了一个意向性确认，下面的工作就和上文稍微有些不同了。

深化阶段和草案阶段完全相反，团队花费了大量的精力和资源把最终图景向内压缩。逐步精简这个图景，并结合经济师的测算减少初始的投资量，最终找到几个可能的激发点，依靠这几个激发点的建设和运作，慢慢形成城市商业，社区居民的参与，同时依靠政策的扶助来慢慢让城市向最终的图景靠拢。

在这种流程下，整个规划机制是自下而上的，所有的结果也是渐进的。城市规划以人为本不再停留于纸面上，甚至最终实现的是不是计划图景也并不重要了。在寻求完美结果的过程中发现更完美的目标倒成了一个潜在的目标。

没有人能依靠自己的设计来决定别人的命运，世界也不需要超人，这也许是这种设计流程的社会学意义。但是对设计师而言，一个简化的设计为未来开启了一扇门，这扇门关联到我们设计师一直在议论的一个话题，为什么要简约设计，设计到底要简约到什么程度……

爱因斯坦曾经说过一句话：尽量简洁又不过分简单。这句话看着貌似心灵鸡汤。但是却包含着现代科学最精髓的几个点。一个设计必须尽量简洁，这意味着一个设计师必须不停地逼问自己是不是还可以再少做点"事情"。这个事情是不是已经简单到足够让人理解，是不是已经便宜到可以快速建成。而在另外一个象限中，极致的简化也必须有一个尽头，这个尽头在我看来是基础有效性。前两点的达成不能击穿最简单的功能实现度。当这两个象限完美相交的时候。极简就达成了。一个设计的完成意味的不是你不能再加什么了，而是在实现基础功能的同时你没法再精简任何东西。

那么简化的目的又是什么，拿上面两个实际的设计案例而言，绝不可能是极简主义这种形式主义的目标。

在我看来依靠一个最简化，最便宜，而又恰恰能够完成最基础目标的设计单位，一个设计师事实上取得了最大的自由。他终于不再受设计所控，而是利用这个棋子真正自由地进行整个棋盘的推演。创造一个开放的设计方案。

当一个设计变得简洁的时候，设计师（艺术家亦然？）得到的并不仅仅是形式上的力度，最

重要的是，作者和读者（使用者、观看者）都
因此获得了空前的自由。

而自由，在我看来，是追寻简洁的终极意义。

谁动了你的设计
——关于设计与设计沟通的思考

● 潘剑峰

一个同行很骄傲地告诉我，他是如何用一百个标识方案来取悦他的客户，以为客户总能从中挑选出一两个中意的。我觉得这无异于将手中的剑交到了敌人手中，送死无疑！而且死的必定很惨，也死得很应该。虽然最后客户买单了，但我一直在反思他的这种行为：一百个方案中肯定大部分都是未经深思熟虑的，那为什么要用这些方案来浪费大家的时间呢？殊不知这样的行为即暴露了自己专业精神的缺失，更导致了双方不可能进一步平等交流的可能。**我想聪明的客户都知道好的标识设计绝不是简单的体力劳动。**

从一开始担任麦肯光明的设计部主管，我就很快发现虽然许多的促销广告属于十分简单的脑力劳动和视觉表达，无非要解决一些相对直接的本土沟通和产品销售。但是所有的国际品牌都有着非常严谨的品牌手册和应用规范，其中尤其对标志代表的品牌策略和衍生辅助图形在不同的媒介中的应用有着十分严谨的描述和解释，绝非一时的空穴来风。因为不同的图形，字体，色彩规范，编排版式，摄影风格等，当他们整合到一起的时候就描绘出了不同的品牌形象，所有的设计应用将必须接受品牌手册的严格拷问，才能保持品牌沟通的一致性和有效性。

这令我时时想起身边很多设计师朋友，他们往往挣扎于不成熟的市场中，摇摆于专业和潜规则之间。我相信每一位在这个市场中生存的设计师，十八般武艺都学了一些，但问题是在针对某一个品牌的实际操作中是否挑对了功夫。或许我们许多人在面对敌人的时候，都还没有摸清楚对方的脾气和性格，就匆忙应战。乱舞刀枪的结果自然是赔了夫人又折兵。筋疲力尽之后，只好抱怨客户品味太差，这个市场太残酷，最后不想干了，实际上也干不了了！

我想问题的关键是我们必须学会正确的使用功夫。在中国设计师的早期教育中多是对不同功夫门派的熟悉和介绍，联系的多是对视觉语言的艺术表达，而缺乏的是怎样使用不同功夫的实战锻炼和战略思考。视觉表达固然重要，如何达成真正有效的沟通才是更重要，换言之，招式不重要，打倒对方才是最重要的。

Falkirk Wheel：工程的怪想与英伦美学混合物

● 张
雨

最早知道 Falkirk Wheel 是在 2007 年，当时在英国买了 Thames & Hudson 出版社的一本名为 *Buildings for tomorrow* 的书，上面介绍了当时（甚至是今天）看起来都超越了建造技术与想象力的一些著名项目，如西班牙巴伦西亚的科学城、法国里昂的 TGV 车站等，Falkirk Wheel 也在其中。之后的几年中，造访了其中收录的不少位于英国本土的项目，也从英国出发去亲身参观了不少书上介绍的位于欧洲各国的项目。

Falkirk Wheel 是在 2009 年造访的，搭乘了能最好体验这个项目的 Boat Trip，围绕它四周拍摄了很多照片，后来亦结合自己的体验以及与 Falkirk Wheel 工作人员，RMJM 建筑事务所的建筑师的交谈，辅以查询到的一些资料，整理成了下文。

Falkirk Wheel 是世界上第一部也是目前唯一一部旋转式船体升降系统，更重要的是，它本身也是连接 Forth of Clyde 和 Union Canal 的重要交通枢纽。

作为 Millennium Project（千禧年计划）之一，

英国政府投入了约 8500 万英镑用于疏通 Union Canal（联合运河）以及 Forth of Clyde 相近的水道，加上 Wheel 本身的修建，使得 Edinburgh 和 Glasgow 之间的水路往来成为可能。

而作为全世界第一部也是迄今为止唯一一部旋转式船体升降系统的 Falkirk Wheel 在这其中扮演着十分关键的角色。由于 Union Canal 和 Forth of Clyde 之间有相当大的高度落差，在 Wheel 建成前想要让船只在两条河流间往返是根本不可能的事情，而 Falkirk Wheel 的旋转升降系统则很好地解决了这个高度落差的问题。

Falkirk Wheel 本体的修建约耗费了英国政府 1400 万英镑，其中有一部分资金受益于 National Lottery。由 RMJM 建筑设计事务所负责设计的 Falkirk Wheel 被誉为是当今 Engineering Design 的奇迹，堪称是世界水利工程界一个将异想天开化为实际的绝佳案例。通过轮体内巨大的齿轮机械结构（EGC Train），旋转式的轮体起重机可以在 4 分钟左右的时间内降低水平面位置的船只连同水本身一起提升至轮体上端正方位置，旋转角度则为 180 度。

旋转轮体是对称设计，两边可以同时搭载船只和水槽进行提升和降下，轮体水槽内的感应器会自动计算进入水槽的船只和水体的总重量，以取得旋转时两方轮体的平衡。比如，如果左侧的水槽内只有一只船，那么右侧的水槽会自动将水量调整至等于左侧船只和水体的重量，两只船的情况也是相同的。而升降的控制则是由轮体内的操作人员在电脑控制系统上完成。

苏格兰王国内其实有不少的运河、水道曾经在过去连接了各个城镇之间的商旅往来，乘船时山光水色一览无遗。其中的 Forth of Clyde 运河修建于 1773 年，贯穿整个苏格兰内陆的东西两岸，是世界上第一条人工修建的海通海运河。19 世纪时，在该运河的 Falkirk 地区段东南修建了 Union Canal，通往 Edinburgh（爱丁堡）。

Forth of Clyde 和 Union Canal 间，因为地形差水位相差达 33 米。人们在这里建造了 11 段可调节式水道，缓和地调整水位差，船只就像搭乘电梯一样，分段地上上下下，要通过这 11 段水道，22 个闸门，总共耗时要 6 个小时左右。由于过度耗费时间，这种水位调整的做法已经被荒废了近 30 年。

现在有了 Falkirk Wheel，做法变成了把
Union Canal 通过一条 100 米的高架水道延伸至
空中，直达低水位的 Forth of Clyde 运河的正上
方，然后在高架水道的尽头，通过旋转轮体本
身将船只提升到高水位的运河，或者把高水位
运河的船只送到低水位的水平面上。

新生活方式：旅游和酒店艺术

● Evan Lai

酒店业长久以来都处于竞争激烈的状态，上至大型的连锁酒店，下至小型精品酒店，甚至小到家庭经营的 B&B。在此过程中，为了成为行业的领军人物，酒店专家们提出了花样繁多的创新和变革，是拥有自己的风格，抑或是顺从现有的趋势成为一个时时刻刻的难题。

在这个漫长的发展过程中客户的需求成为决定性的因素。在过去的几十年间，酒店设计师们一直秉承着为满足终端客户的想法进行酒店设计的理念。

在这个思路下，对于用户需求的臆测一次又一次地推高了酒店的浮华程度，最终形成了现在高星级连锁酒店特有的华而不实的风格，整体空间既不舒适也不实用。而正是这些高星级的连锁酒店凭借着巨大的体量和数量构成了大部分人对酒店的想象，反过来又推动了客户需求。

在这个主流之下，还是会有很多酒店人士希望能够依照自己的理解，摆脱大酒店对酒店空间的陈旧定义。

一些小型的精品酒店以其时尚、贴近时代的内部设计，还有和现代艺术的紧密结合受到大众的追捧，其原因正是因为这些风格代表了客户对于生活方式的一种向往和追求。尤其是一部分年轻的旅行者，他们受到数字化的生活影响，在交流和旅行方式上有了很大的改变，他们所追寻的不仅仅是旅游度假，而是一生一次的经历，是组成他们生活的一次体验。从这个角度而言，他们并不惧怕风格上的冲突感和碎片感，相反，这常常倒成了酒店吸引力的一部分。

另外一方面，回归质朴和慢节奏的生活在当下也越来越受欢迎。

一大片高耸的竹林，废弃的村落，不毛之地，以及大多数开发者认为没有价值的地方正渐渐进入旅行者的视野。而酒店就提供给相应的旅行者深入体验的可能性。同时，这些酒店也通过文化旅游项目，利用当地的特色食物、艺术课程或是参加支持地区发展的活动来回馈当地的社区，赋予客户一种旅行的责任感，一种社区意识。

在体验细节上，如果旅行者想要真正了解一个地区，想要创造出真正的旅行体验，是需要融合地方的食物、文化以及在那里生活的人各式各样的元素。酒店要有属于自己的菜园来保障所提供的食物都是当地生长的。

除了饮食之外，受地方影响最明显的一项就是水疗以及化妆用品了，一个真正好的水疗馆会非常讲究地在水疗产品中使用当地特有的产品。

在斯里兰卡的 Ceylon Tea Trails，在周边的山丘上摘取茶和提取精油作为自己的水疗产品，还利用了茶本身的香味和抗氧化性等特征入菜给客人不一样的味蕾体验。

马来西亚的沙巴 Bunga Raya 酒店在他们的特色 Solance 水疗中使用了本土的鲜花，而位于墨西哥的 Coqui Coqui Tulum 则使用了玛雅的黏土材料。

在运营细节上，这个时代同样给出了非常好的条件，让我们去定制自己的酒店。在中国经济高速发展之下，整个社会形态和需求也在发生着剧烈的变化，现在的游客相比以前更加追求独特的体验。利用当代先进的科技和网络技术，我们可以轻松地摒弃千篇一律的行程模式取而代之采用之前从未有过的定制模式。

酒店以及旅行社可以让游客在到达目的地之前创建自己的喜好，从枕头的种类、房间的气味、鲜花的种类到早餐中鸡蛋的烹煮方式，让客人仿佛在家里一样的自由与亲近。

现代科技同样也改变了酒店的运营方式，从传统的柜台办理入住手续到无论在酒店的任何地方使用 iPad 办理入住手续。这项创举使大堂的设计变得更加自由，类似一个居家客厅，摆上长椅，台球桌和喝饮料的地方，人们在其中交流、工作或仅仅是放松。

酒店的设计和运营将会持续的根据旅游消费者的需求和全球化的影响而改变，很难能确定这种趋势什么时候会形成，能够保持多久或者什么时候会被新的潮流给淘汰。但是开发商、设计者以及酒店管理公司唯一能够确定的是酒店在运营上将逐渐地越来越全球化，而在设计上越来越地方化。

● Eric Zhang

Mountain Arona 不可见的地标

本项目位于西班牙的 Arona 地区，这里对于欧洲居民来说（尤其是德国和英国人）是非常受欢迎的度假旅游地点。

Arona 地区政府为了更好地吸引游客，决定在距离海滨浴场很近的 Chayofita 小山上修建一座地标性的建筑或巨型雕塑，成为当地的名片。

地区政府在最初倾向于在山顶修建一座地标性质的游客中心建筑，他们脑海中的画面就是巴西的基督山雕塑。

而我们在构思方案的最初就认为 Chayofita 这座山本身就是最好的地标，而这座游客中心应该弱化其作为人造建筑物的存在感，而尽可能通过一切设计语言让它消隐在山体的自然环境中。

同时在仔细考察项目场地和周围环境后，我们认为这座山在白天与夜晚应该拥有不同的景色。因此，在进行设计方案的创作时，我们总是想着这样或那样的设计形式在夜晚会让这座山变成什么样子。

　　在方案中，我们通过一个隐藏于山体中的环状结构构造了一个可以 360 度观望整个 Arona 地区美丽景色的综合游客信息中心和公共空间。在这个环状结构上，分布着游客中心、艺术展览空间、餐厅/咖啡厅、自行车爱好者坡道等功能模块。

　　可以说，我们的设计思路与直觉从最初就与竞赛委员会和当地地区政府制定的竞赛要求存在很大的出入。当我们提交了竞赛方案，并向评委会真诚地阐述了设计理念后，我们成功地说服了对方，把这座山本身当作这里的地标，成功赢得了方案竞标的第一名。

09

长相不重要

形式追随功能

在将来理想社会可能不足为道，

但在我们的这个社会里，

却需要不断叮嘱

——长相真的不重要。

— 徐 伟 —

第十期轮席主编

恐惧、贪婪与建筑

● 杨方铱

据犹太人的《圣经》记载：大洪水劫后，天上出现了第一道彩虹，上帝说："我把彩虹放在云彩中，这就可作我与大地立约的记号，我使云彩遮盖大地的时候，必有虹现在云彩中，我便纪念我与你们和各样有血肉的活物所立的约；水就不再泛滥，不再毁坏一切有血肉的活物了。"上帝以彩虹与地上的人们定下约定，不再用大洪水毁灭大地。此后，天下人都讲一样的语言，都有一样的口音。诺亚的子孙越来越多，遍布地面，于是向东迁移。在示拿地，他们遇见一片平原，定居下来。

有一天，有人提出一个问题：我们怎么知道不会再有诺亚时代的洪水将我们淹死，就像淹死我们祖先那样？"这有彩虹为证啊！"有人回答道："当我们看到彩虹，就会想起上帝的诺言，说他永远不会再用洪水毁灭世界。""但是没有理由要把我们的将来以及我们的子孙的前途寄托在彩虹上呀！"另一个人争辩说："我们应该做点什么，以免洪水再发生。"于是，他们彼此商量说："来吧，我们要做砖，把砖烧透了。"于是他们拿砖当石头，又拿石漆当灰泥。他们又说："来吧，我们要建造一座城和一座塔，塔顶通天，为要传扬我们的名，免得我们分散在全地上。"由于大家语言相通，同心协力，建成的巴比伦城繁华而美丽，高塔直插云霄，似乎要与天公一比高低。

面对无法掌控的未知以及内心的欲望黑洞，人类脆弱的身体和活跃的思维注定做出这样的选择，而建筑就带着人类抵抗恐惧、实现贪婪的基因来到了世上！

穹顶

穹顶是一种常见建筑结构，外形类似一个空心球体的上半部。用各种材质制造的穹顶在建筑学中有悠久的历史，可以回溯到史前时期。

史前时期，人类就懂得使用手边的材料建造穹顶的居所。尽管无法知道最早的穹顶居屋源自何处，但在各地都已经发现了穹顶的房屋。原始的穹顶多用于居住，只是为了解决最基本的需求——遮风挡雨、躲避虫兽等。但随着人类社会的发展，包括新需求的产生、先进技术的发展，同样的形式原型衍生出了数不尽的建筑类型。

罗马人建造的穹顶有木质、石质、砖质、无

钢筋混凝土和陶质的。最著名的也是最大的罗马式穹顶是罗马的万神庙。万神庙采用了穹顶覆盖的集中式形制，重建后的万神庙是单一空间、集中式构图的建筑物的代表，它也是罗马穹顶技术的最高代表。万神庙平面式圆形的，穹顶直径达 43.3 米，顶端高度也是 43.3 米。其简单纯净的空间形态象征着宇宙的完美，也暗含了罗马人想用最简单有效的手段将一切都纳入其统治之下的意图。

时值 20 世纪 60 年代，德国汉堡艺术与工艺美术博物馆正在进行一个名叫"气候胶囊"的有趣展览，巴克敏斯特·富勒提出的一个想法借着这次展览进入人们的视野：这是一个叫作"曼哈顿穹顶"的计划。用一个"富勒球"式的大壳将曼哈顿中心区罩起来，大罩里面的城市可以建立一个完整的、自给自足的新陈代谢系统。"大罩"可以创造适合生存的气候，提供必要的生态机制，并有完整的处理垃圾污物的办法。这还是一个防御性的大罩，无论是太阳风暴，还是核弹爆炸，都可以被这个"金刚罩"挡在外面……似乎人类和上帝的"友谊"算是走到了尽头！

千年穹顶位于伦敦东部泰晤士河畔的格林

威治半岛上，是英国政府为迎接21世纪而兴建的标志性建筑。弯顶直径320米，周圈大于1 000米，有12根穿出屋面高达100米的桅杆，屋盖采用圆球形的张力膜结构。采用索膜结构设计，膜面支承在72根辐射状的钢索上。

这个工程原先只考虑建成临时性的，后经研究，这项工程不论是从周围市区的复兴，还是建筑交通基础设施的长期投资来说都具有很大价值，1997年英国工党政府上台后，决定建成一个占地73公顷、总造价达12.5亿美元的大型综合性展览建筑。千年穹顶产生于全世界范围为迎接对世纪到来的庆典，在建造过程中受到了不少赞扬与批评。

集成领域

甘力

Manuel Castell 在他的《信息时代城市论文》中提到了信息时代科技和网络的发展对社会的影响，并且列出了一些新的社会现象：我们的工作和居住生活方式出现了改变，我们可能不会很长时间的在同一个地方工作，或者同一份工作会让你满世界跑。

我们对世界的认知发生了改变，实际距离更近的地方未必在我们概念上更近。 主流性国际化的产品和商标（连锁店、大型商业广场、麦当劳等）正在飞速的吞并非主流和当地的事物，而这些主流性的连锁店和品牌在某种程度上扭曲了人们对距离的传统定义。

网络和科技的发展对我们身处的空间也有非常直接的影响，Castell 将这些影响归纳为三个方面：

一、功能。主要就是城市要同时容纳国际化和当地化的逻辑，而这两种力量的冲突正是很多城市问题的根本来源。

二、意义和价值。由于网络信息，我们现在都在上网进行社交活动，可能我们不会太过在乎身边的朋友圈子，而更在意我们在网络上的社交群体。"个人"价值的增强导致了"集体"价值的减弱。我们的社交的方式从以集体为中心逐渐转变成为以个人为中心。

三、形式。Castell 提出了他的空间概念，他认为传统的空间比如说市中心广场和步行街，是终点性空间（space of place），而网络信息交流的空间是信息流动空间（space of flow）。传统的生活中，城市广场和活动空间（space of place）可能是我们生活的中心，而在 21 世纪，信息流动空间（space of flow）将会逐渐完全覆盖我们的生活。

对于 21 世纪信息社会对空间的影响，我们需要提到法国著名人类学家马克·奥热的理论。"奥热"在《非场所》一书中首先对"空间"做出了定义，他认为空间其实是个体（人）与个体之间必然发生的共鸣关系。而在这个前提下，奥热提出了"非场所性"（non-places）的理论。非场所性空间指的就是那些被一系列规则控制的空间，比如说大商场，机场候机楼，高速公路以及各种城市中的"通过性"的空间。而通过性空间（non-place）和终点性空间（place）的人与人之间的关系是截然不同的。

人类进入"非场所性"空间必须要先成为这个场所里的"会员"，我们乘地铁要买票，坐飞机要买票，进商场要消费。各式各样的票、会员卡和贵宾卡就形成了一种契约，人在进入空间的那一刻获取了新的身份的同时也丢失了一种身份。

而我们其余的个性和身份一概被隐匿，我们成了系统的一部分，我们最需干的事情就是在正确的时间出现在机场里正确的地方。我们从旅客变成了过客，我们在极快的单向行驶。而在这个过程中我们只有时间"读取"（符号）而没有时间"观察"（事物）。非场所性空间是一些无关的空间内容的并置，各种大型商场车站和商业广场都是在资本的驱动下，被主观的并置在一起；是一种非常机械和人工的部署和操控。

在最近的海口滚装码头的设计竞标中，我对奥热的非常所性理念进行了探讨。

海口市现有的秀英港存在着几个问题。一是其车流人流量远远超出了它的容量，因此给周边城市交通带来了巨大的压力。再者就是缺乏公共空间（所有滚装码头的通病），作为海口市的主要出入口之一，现状港口并没有带给游人应有的印象。而最大的问题是它现有的管理体系，由于空间对滚装码头人流的特殊需求缺乏针对性，导致大量的人流滞留在港口内，造成进一步拥堵。

我们的设计希望在处理各种复杂的人流车流交通的同时，将带有海南特色的"场所性"空间掺夹进整个流动体系之中。通过对形体在二维和三维的错动，形成连通城市的公共广场和一系列串通内外的观海平台。建筑抬高架空，形成中部门洞，打通城市与海面的视觉通廊，强化门户概念。

海口新滚装码头的设计将话题带回到"非场所性"将我们的身份隐匿的问题上。奥热所提到的"会员制"系统在我们的项目中依然存在，但是通过建筑形体的错动，我们将"免费空间"（集散广场，热带水果市场）和"付费空间"同时放置在了一个大的流动界面上，而通过不同的标高和地面处理来将它们区分，让人们在"场所性"和"非场所性"之间找到一种延续和共存的关系。

长相不重要

● 徐伟

如何评价一个建筑是好是坏？7 年前国家大剧院的建成饱受争议，5 年前的 CCTV 总部大厦至今仍被众人嘲讽，4 年前世博会中国馆是否真的哗众取宠，苏州的秋裤大楼一直是民间笑谈。近些年，在中国这个巨大的建筑试验田，各方神圣大腕都想在中国这片极其宽容且大度的土地上留下传世之作。所有这些所谓外界或内界的争议，尤其在如今 IT 言论自由的年代，大多数的说话似乎均源于建筑之长相。长相真的如此重要？"人不可貌相"，建筑亦是如此。

在中国现有的建筑环境下，靠脸混饭已经是建筑师必须具备的基本素质，建筑长相很重要。不夸大的现象即是很多大企业领导只看建筑外观，建筑其他与之无关。换个角度思考上述现象，所有人都有资格和能力对建筑形式发表评论，更何况是领导，因为形式在大多数人看来是个毫无技术含量的工作，无非就是给建筑穿件衣服。综上所述，建筑形式与功能无关，且事实证明，大多数人只看形式判断优劣。

让我们再怀念一下"形式追随功能"的那个时代，沙利文说"自然界中的一切东西都具有一种形状，也就是说有一种形式，一种外观造型。于是就告诉我们，这是些什么以及如何和别的东西区分开来""哪里功能不变，形式就不变"。他认为"装饰是精神上的奢侈品，而不是必需品"，恰恰是为了美学利益，他要完全避免壮实的使用，一是人们高度集中于体态裸露、完美的建筑，就像那些强劲有力的体育健儿般的简单形式给我们带来梦寐以求的自然从容感。对沙利文来说，大自然通过结构和装饰而不需要人为添加就能显示出自己的艺术美。

用当前的观点来看，形式追随功能的概念还需要加以限定。它起初似乎是一种正确的警告：设计师最好首先留意一种产品是如何工作的，然后再注意它的形态和外观。但是，形式追随功能转化到另外一种意思：如果一个建筑功能设计得很好，它就理所当然地在外观很贴切束缚，这就毫无事实根据了。反过来讲，在我们注意到功能不能保证成功的设计的同时，忽视功能绝对是一个失败的设计，尽管不一定丑陋。

其实形式追随功能，仅仅是一种顺序上的表述，而不是一条通往成功的捷径。形式跟随在功能后面，功能所支配的不是形式，而是一组有限度的条件，在受这些强制条件的约束中，一个设计可以采用形形色色舒服形式中的任何一种，形式上的最后定夺，有赖于所拥有的技术和材料，而最重要的一条取决于设计师的才能。

最近参与一个竞赛，第一轮经过网上海选、相关部门初评及领导班子终审三关拼杀最终无果而终，原因之一：未现传世之作。可见当今政府领导对城市建设的确很有要求。好吧，我们姑且接受这个事实，核心问题开始让设计师无从下手，到底何为传世之作？如何做得传世之作？归根结底又是城市名片级别的标志性建筑，形象又一次被抬到了制高点。或许正是因为任何人可以对外观品头论足，且中国的大批开发商不是乔布斯，所以此类项目的结果总是让人哭笑不得。

当然，建筑的长相不可否认的确重要，毕竟长相好第一时间已经打动了观众。但在中国如此强调面子而忽视功能的环境，包括业主开发商自身价值观的差异，的确让设计师有些无助，对于年轻的建筑师成长更加让人忧虑。回归建筑原点，似乎好用更为重要，形式追随功能仍然是一个记述关心次序的行之有效的方法——这个次序在将来理想社会可能不足为道，但在我们的这个社会里，却需要不断叮嘱——长相真的不重要。

10

告别激进

在 Louisiana Museum，

建筑的形态被融入环境，

你记不得他的立面，他的造型，

但是我感受到一切都是被设计过的。

— 王 浪 —

第十一期轮席主编

告别激进主义

● 徐敏杰

上学期关于"日本建筑和城市"的理论课上，好几个教授都提及了由扎哈·哈迪德主持设计的东京奥林匹克国立体育场的尺度问题。正如我们所知，作为2020年东京奥运会的主场馆，日本民众和业界人士对此是非常用心的。也许东京的普通市民还沉浸在对于这个"天外来物"的混沌中，作为有责任感和使命感的日本建筑师们，却感到需要为这座城市的实际使用者们，摇旗呐喊，他们需要告诉人们，这不是一个真正意义上属于日本的建筑。

在我看来，之所以日本业界这次大规模地反对扎哈设计，其原因不是因为其一向所擅长的非线型设计，而是尺度失衡的问题。长久以来，外界总会认为日本是一个对于新事物持相对保守态度的社会，但如果你曾经到过日本，可以看到这里并不缺乏"奇怪"的建筑，民众对于建筑形式的容忍度很大。然而，人们的宽容永远是在其尺度合理的前提之下，适当尺度调控下的形式变化（如SANAA作品中的一些弧度产生），建筑与人的关系会更加亲切，显得不那么激进。

必须承认的是，扎哈的项目在过去十多年间横扫世界，当然其中也并不缺乏争议。一直以来对于尺度和周边环境的关系，她总是希望去直面这个冲突，试图通过非常独特的设计标新立异，而并非通过设计去融合周边的环境。扎哈从来不相信有某种和谐共存的设计逻辑，所以就很容易理解，为什么她的东京奥林匹克体育场设计会得到日本建筑师的抱怨，认为它破坏了相对平衡的区域结构，那是因为她从来没有想过这是一种必然，失控的尺度以及超越肌理的形态，再加上建筑本身所处的重要地位，足以破坏日本建筑师代代推崇的所谓日式建筑的存续。

日本建筑师也提出对这一设计的改进方法，第一我们应该做的是降低新体育场不必要立面形式的高度，这种压倒性的尺度不匹配会导致非常严重的视觉污染。

二是政府应该明白，保护特定的历史区域是一个动态的过程，这需要个人与政府之间的紧密互动，才有助于保护目标的实现，尤其是像奥运会与永久性的奥运建筑，或多或少，这些事件会影响到城市环境。

这不是一个我们的试验场，而是后来者的世界。

那一袭风景人烟

● 王振

见惯都市混凝土森林遍历工业化后的繁华和沧桑，时常让人怀念往日江南一草一木在烟雨中摇曳的景象。我们曾经或是继续沉醉于都市里摩天高耸的天际线和格网肌理的街廓，见证着空间和场所被切割肢解、过去和历史被撕裂湮灭，忽略了都市里对土地应有的敬畏、对弱势应有的关怀。默默注视着恣意张扬的高架桥、肆悍蔓延的硬化铺装以及壅塞晦暗的下水道，我们或可寄情于这样的都市景观，如水一般渗透、弥漫和注满渐次人工化的都市环境。如果，都市里有这么一袭风景人烟……

起于塞纳河右岸的绿阴步道

早在 1989 年，巴黎城市规划院对此区域 19 世纪由红砖和巨石砌成的高架拱桥进行改造。拱桥下方汇集成几十家手工艺作坊，形成了今天巴黎塞纳河边的艺术廊桥（Viaduc des Arts）；拱桥顶部则设计成一片都市绿洲，向东边的凡仙森林（Bois de Vincennes）延伸，并通过景观步行道连接着巴黎旧铁路线上的两个带状公园。原先只是废弃的空中铁道，经过景观的渗透，却成了种满树木花朵的静谧天堂，遂引出一段"爱在日落巴黎时"浪漫遐想。生态景观和工业遗产的初次碰撞、自然和艺术的错位并置无意中带来独特的都市空间体验和景观创意，启蒙了今后废弃的城市基础设施与都市人文景观结合的可能。

死而重生的清溪川

六百年前的清溪川原本就宛如花田间翻飞起舞的清蝶，不染纤尘。只因为都市的变迁，一念历劫，由清溪而浊浪，进而掩埋于深沟，加之于高架，近乎泯灭沉沦。从此世间少了清兮濯缨，浊兮濯足的从容，多了喧嚣和纷扰。在将近半个世纪的轮回之苦后，清溪川又因国际城市水岸复兴的潮流和韩国民意重见天日。劫后重生的清溪川尽管肩负多种诉求，也并没有完全恢复河川的原始美质，但那上游河畔重新踏桥嬉戏的市民，下游湿地之中归来栖息的小鱼、白鹭、野鸭和翠鸟已描绘出一幅不可多得的都市风景和人烟去处。都市里的童话也因为自然生态和人文价值的恢复成为都市里的传奇。

回归荒野的空中花园

曼哈顿岛上，哈德逊河畔，有这样一袭风景人烟处：支撑废弃铁轨的黑色钢柱，托起一座长达 2 公里的空中花园（从 Gansevoort Plaza 到 34 街），空中花园中有草地、灌木丛、藤蔓、苔藓和花卉等 210 种植物，有斑驳变形的原始铁轨和枕木，有开放式接口和留缝的条状卵石灰浆混凝土板，有景观步行道，观景台、城市广场、室外剧场、草坡、树丛等，还有 Peel-Up 各类室外家具……行走在远离都市地面 7.6 米的空中，街道上的生活气息近在咫尺，却又恍若隔世；身处街区层峡的光影变幻之中，不时偶遇烙印着都市年轮的新、旧建筑，间或透过野生花草丛和都市街巷迎向哈德逊河岸带来的惊喜。

高架铁路等旧有城市基础设施，遭遗弃的长久岁月中茁壮生长的野花和杂草，呈现出一种野性的生机与活力，体现了场地本身极端的环境特点和浅根植物的特性，仿佛是一幅都市荒野的图腾。这样一幅荒野图腾中，融合着多种野生植被以及道砟、钢铁和混凝土，交织着往昔的包装和加工工业遗产、当下的都市荒野景观和未来的公共艺术及文化设施。

生生不息的风景人烟

风自悠然水自清，地亦青青天亦蓝。都市的发展愈来愈倾向于保护和恢复具有原始自然基质的都市景观，特别是港湾、河岸、湿地等水岸地区，限制机动车辆的道路发展，鼓励捷运和绿色出行。有的推行"去高架桥化"浪潮，如 1991 年美国波士顿市推出大隧道计划，地下高速公路取代原来的高架桥，滨水河岸不再因高架桥而大煞风景；有的发展"水岸更新"运动，如美国圣安东尼奥市以水岸更新计划促进都市再发展，其河滨步道改造工程成为代表该市的都市象征；有的提倡都市景观综合绩效，如纽约、费城、伦敦、芝加哥和鹿特丹等以最小的经济代价将旧有的高架道就地改造成集生态效益、经济效益和社会效益为一体的都市荒野景观。

尾语

行文至尾处，我期待着夏日暑气渐消的黄昏，尤其是一天疲乏劳作之后，在都市那一袭风景人烟处安静地散步。这里有花，有草，有花香，有水声，有舒适的躺椅；远处，有灯火，有高楼，有灯影中的河畔……

基于内藤广建筑思想的建筑本原思考

● 熊嫄

不同于伊东丰雄和隈研吾两位建筑师追随时代，以"变化"理念驰骋建筑界多年，内藤广的设计理念是"不追逐前卫，要经得起岁月的考验"，以及"返回生产系统原点，重视建筑内部空间"。他的这一理念在他的扬名之作"海洋博物馆"中既已体现。作为一座具有代表性的、专为收藏品量身打造的建筑，海洋博物馆看起来朴实稳重，不追求表面化设计，注重对空间的还原，注重建筑与环境的融合。

例如，出于对收藏品空间各种可能性使用的考虑，博物馆建筑内部是没有柱子的无遮挡大空间；出于对耐久防盐害考虑选择简洁的砖瓦材料；出于对防雨考虑，在建筑周围筑起土坡以及宽大的屋檐；出于对防海风和保护建筑的考虑，栽种植物等。这些细节都能体现内藤广的设计理念。

纵观整本书，不难发现他的作品始终贯穿着他的设计理念。他关注于文化中"不易于传播"的层面，崇尚那种凝聚了时间而又伸手可及的空间效果，并认为其具有难以流传的气质。而他的建筑作品大都于一个朴素的外观之中蕴含着内敛的深沉，其对空间的体验性的关注要远远重于对外部形体的描述。而这些朴素的建筑形体又以谦逊的姿态与环境很好地结合在了一起，体现了内藤广与自然相亲和的建筑观。

建筑是人的活动场所，建筑师要时时刻刻想到人的需求。而在现今物欲横流的社会中，人们往往会在无止境的追求中迷失自己，偏离对建筑最初的理解。更甚者部分人已经习惯"商品—货币"的交换关系，不再愿意去多考虑实际使用的需求，一旦方案被业主看重，就已经完成"商品—货币"这一交换过程，从而实现自己的经济利益。这么一来，众多使用者的需求实际简化成少数业主的需求，建筑师也就成为纯粹商品生产者，对他们而言，注重对于作品外表的包装远甚于对建筑真实的关注。这种忽视对建筑内在本质考虑，又怎能经得起时间的考验。

自此，**我们更为现实的，或许是如何真正从实际需求出发，考虑使用者的感受，使他们有限的经济承受力发挥尽可能大的作用，而不是只关注建筑师职业所带来的艺术刺激与成就，从而更多地去考虑建筑的本原——服务于人。**

"器" 的设计师

● 王雨前

Louisiana Museum of Modern Art 坐落在丹麦哥本哈根弗雷登斯堡以北 35 公里的厄勒海峡岸上，它是丹麦游客游览最多的艺术博物馆，两边分别面向欧尔松海峡和宏柏克湖。在这样的自然景观衬托下，博物馆院子里那些战后雕塑自然成为该博物馆收藏品中最具吸引力的一部分。

在 Louisiana Museum，建筑的形态被融入环境，你记不得他的立面，他的造型，但是我感受到一切都是被设计过的。现在在我脑中浮现的 Louisiana Museum，是雕塑、展出的产品还有透过展厅之间的走廊看到的那一片绿那一片海。

在那里我第一次接触到 Alvar Aalto 设计的湖泊玻璃瓶、Stelton 的啄木鸟水壶、Poul henningsen 设计的 PH 灯，Jacobsen 的天鹅椅。这些产品一直生产至今，并且是丹麦家庭所常见的用品，在博物馆展出的展品就这么稀松平常地出现在你生活的每一处，我这才明白设计之都的含义。

旅行回来，我总是有意无意地查阅这些产品设计，在 Louisiana Museum 看到的那些被奉为经典的产品设计有很多都是建筑师所设计的，并且这些建筑师在产品设计界的影响是巨大的，他们是建筑设计师或者产品设计师？我想这个定义并不重要，"埏埴以为器，当其无，有器之用。凿户牖以为室，当其无，有室之用。是故有之以为利，无之以为用。"建筑或者产品也许都可以说是"器"，"器的设计师"——我想这样称呼他们。

丹麦 Normann Copenhangen 与 BIG

Normann 是丹麦独立设计品牌，Normann Copenhagen 是于 1999 年成立于丹麦哥本哈根的一家新设计公司，以 norm69 吊灯开始走红，产品逐渐风靡欧洲大陆。它的品牌精神为 "Less is more"，透过高品质、带些幽默感的优良设计来改善人们的生活。

这两个产品是很典型的北欧设计风格，对形的把握很到位，他的"形"我爱的无可救药！而且总是有一些别致的"点"出现在设计中，例如 Geo Vacuum Jug 的尖尖的壶嘴，还有这一系列的酒杯的"小尖尖"，不同的底部的设计对应是不用使用性质的酒杯。相当的经典但是总是会有一些别样的东西出现，像极了现在大红的 BIG。

荷兰 Droog 与 Rem Koolhaas

"荷兰设计"已经被用来作为荷兰前卫设计师们的通用标签，他们把传统设计的界定推至反叛的边缘，古怪性、高端性、挑战性、抽象性是荷兰现代设计独到之处，挑战传统设计并不断闪现诙谐幽默给人留下深刻印象，荷兰当代设计风格目前在荷兰成为艺术形式的主流。非传统的"Droog Design"品牌就是一个很好的例子。Droog 在荷兰语中是"干燥"的意思，"干燥"也可以引申为不注水、简单、明晰。把这个概念沿用到设计上，就是没有虚饰。

Rem Koolhaas 应该是当今建筑设计的前卫代表，CCTV、深圳证券交易所，他的东西很多时候无关美丑，却可以引起社会的广泛讨论。Droog、Rem Koolhaas 相似否？相似否！

日本 MUJI 与藤本壮介

MUJI 现在在国内有很多专卖店了，大家应该对他很熟悉。MUJI 是简约的，纯净舒适的，自然质朴的。MUJI 提倡简约、自然、富质感的 MUJI 式的现代生活哲学，回归自然就是 MUJI。MUJI 有个生活良品研究所，在官方主页我们可以看到他最近的研究问题。

藤本壮介是日本新生代最有才华的建筑师之一。他常用"原始"形容他的作品，把建筑实践看成是探索世界和人道的一种方式。

"回归自然"，"原始"是 MUJI 的产品设计与藤本的建筑设计的共通点。

"器"的设计师，从现代主义开始，或者应该说更早之前，产品与建筑就是相通的，这样的跨界一直都有，并且现在这样的界限应该是越来越模糊。 有时候当你沉浸在建筑的世界不可自拔的时候，不论是欣喜的不可自拔，抑或掉入深渊的不可自拔，来看看这些小东西吧。因为小，它不需要赋予深重的社会意义，也不需要特别庞大的系统支持，所以他们的完成度会特别的高，无论是理念上的或者是最终呈现的结果上的。我希望你们也会跟我一样有着别样的感受。

职人与禅宗

●聂昌宁

最近在读一本武侠小说，叫《大日坛城》。讲的是武侠、围棋还有唐密。

作者在后记中提到一位职业棋手对他说过，"围棋的尊严是，业余棋手是无法与专业棋手抗衡。"日本的专业棋手自幕府时代起就接受将军供养，开始了职业化的制度。而在国内，围棋只是作为有闲有钱人茶余饭后的消遣罢了。到了明清时期日本围棋水平已经大幅领先中国，近几十年来开始衰落。关于日本围棋衰落的原因，有种说法是说对于日本选手来说，棋形的完美比胜负更重要。日语中对这类专业人士有个专门的词，称为职人。大意是精益求精、坚忍不拔、守护传统和对自己、自己作品的极度负责。书的序二中还有一段唐密和禅宗引出的关于术与道的论述。书中写到"禅宗一直被汉地文人广为接纳，因而失去了秘法的指导实修，几乎变成一种口头禅；而密宗如果失去禅宗的义理作为底村，很容易滑向对神通的迷信"。

如果说日本设计有职人作为支撑，是术道兼具的话，深受儒道俩家影响的汉地文化，对具体问题不屑一顾，也许可以称得上只有道没有术。

接着儒道两家与禅宗的话题展开。如果以儒道两家与禅宗作为两国的文化背景，研究两国不同设计风格的形成，也许会对我们有一些启发。枯山水与中国的园林是很典型的例子。日本最为著名的枯山水，多出现在禅宗寺院（英文枯山水为 Zen Garden），更多的体现了节制，自律与苦修。而中国的园林则模拟尽量真实的山水。儒道两家在本质上是积极乐观，世俗的。儒家"仁者不忧""乐知天命"，乐观的面对人生。道家虽然遁入山林，但也是主动的，感受上是愉悦的。中国的建筑没有宗教式、仪式性的成分，可是称为人间的建筑（天坛、故宫等代表皇权的例外）。枯山水则表达的是静寂的感受，是宗教性，非人间的。这也许可以作为当代中日不同设计风格小小的参考。

日本建筑师鲜明的风格在世界舞台上赢得了自己独特的地位，而国内设计师还在寻找设计的方向（当然有些人小有所成）。日本建筑或者日本设计无疑对同属同方文化圈的我们有着巨大的参考。在全球化的今天，地理和长时间文化的积淀对设计师的影响在可见的未来还是巨大且不可磨灭的。

11

理想与现实

他用这一处体现人性悲哀的

『乌托邦』给我们这个混沌时代

提出最有力的质问或回答。

— 伍 涛 —

第十二期轮席主编

用数据说话
——「参数化」在设计初期的一些应用

● 沈嘉英

　　"参数化设计"作为现如今最为时髦的设计手段，在受到越来越多的追捧的同时也饱受争议。随着 Digital Project（CATIA）、BIM、Grasshopper 等一系列参数化软件的发展成熟和普及，一些复杂形态的建筑得到有效的技术支持而成功落地，一些更为大胆前卫的尝试也正在进行中。非线性的外观形态正在越来越多的影响人们对建筑的审美态度，甚至形成对参数化设计的盲目崇拜。

基于数据的场地研究

　　在项目初期场地分析阶段，交通分析、视线分析、路网格局、场所认知体验等往往根据现场踏勘、卫星地图、上层规划资料等信息，通过基于建筑师自身主观经验的分析，对例如空间重要节点、主要价值界面、场地可视性、可达性等内容进行判断，作为下一步方案设计的依据。

　　参数化则提供了更多的可能性。基于路网结构、道路宽度、与周边道路连接节点、空间内各点可视度等图纸数据，Space Syntax（采用拓扑学的数学方法考察空间关系）对大量基本数据进行不同参数的设置，通过计算空间中各点之间的关系，在经过大量后台运算后得到关于场地中每一点的可达性、可视性等问题的量化结果，并通过图片予以直观的呈现。

在概念初期控制建筑的能耗

一个项目的绿色可持续性很大程度上取决于方案初期——建筑在场地中的具体落位、建筑扭转角度的细微偏差、建筑体量上的洞口大小及位置等，都会对建筑本身及场地周边微气候产生重大影响。BIM 软件对此提供了非常便捷的操作方法。通过在 Revit、Vasari 等软件中建立非常简单的体块模型，使用其中的能耗分析工具即可粗略预估建筑能耗，再基于分析结果对体量进行修正，即便是一些细微调整，都可能大大提升建筑的能耗表现。

多方案的量化比较

对于设计初期的多方案比选，参数化工具也可以帮助得出一些更为明确、客观的量化依据。例如在华润小径湾的规划设计中，为使更多户获得海景资源，对各阶段几个方案进行了比较，并通过参数化插件对几个方案模型进行运算，直观地得出分析结果。

结语

参数化的根本是内在逻辑，它不仅可以用来生成吸引眼球的表皮肌理、复杂的空间结构，还可以作为一种更客观、更深入的研究工具在传统设计过程中使用，使设计从初期开始的每一步推进，都得到更多更有力的支撑。

理想之地

——中国建筑师的「乌托邦」情节

●高巍

　　"乌托邦"一词是由希腊文的乌有和之地组合而成，是英国学者空想社会主义的创始人托马斯·莫尔（St. Thomas More）1516 年撰写的一本书的标题。该书以柏拉图的《共和国》为蓝本，描述了一座虚构的岛屿，岛上有个看似完美的社会蓬勃发展。后人就根据这层意义，用"乌托邦"一词来表示人们对于理想型城市的憧憬。

　　中国的建筑师，包括了大部分还未进入社会的建筑学学生，多少人曾经在面对种种困难与质疑的时候把原来的创意抛得无影无踪，变得越来越不敢去想，不敢去做，永远地停留在"长久的合理"之中。**中国的建筑师似乎背负着比别的国家建筑师更多的责任，更多的创意往往在金钱与现实之间逐步消亡，有些在设计的前期就已消失。**很多人并不知道自己在干什么，应该干什么。这里没有真正的学术氛围，没有人去引导你什么是"探讨建筑"，进而"思考建筑""发展建筑"。一切好像都是为了短、平、快地创造经济、美观、实用的建筑而服务。

　　21 世纪，西方建筑师带着他们的建筑狂想涌入中国，他们似乎更符合中国的"大跃进"需求，CCTV 新总部大楼、国家大剧院……一个个超尺度建筑在中国大陆滋生，凌驾于原来的住宅区上空，旧城区被拆迁和新城区在建设，中国一直用永不停歇的脚步向前跨越。

当代的中国建筑师缺少"思考乌托邦"的精神，更加缺乏"乌托邦设计"的逻辑。实验性建筑或许面对着很多的困难，成功的创意总是在骂声中开始萌芽，并且在骂声中发展下去。我们更需要思考适合自身的东西，把中国建筑用"乌托邦"的创意发展下去。

刘家琨先生设计捐建的胡慧姗纪念馆，纪念一个在5·12地震中死难的都江堰聚源中学普通女学生。只有10平方米的粉红内壁小屋，可能是当今最小的纪念馆。它的空间氛围感人至深，简朴近乎冷漠的外壳保护着其粉红色、柔美的内部，震撼并且深入人心。他用这一处体现人性悲哀的"乌托邦"给我们这个混沌时代提出最有力的质问或回答。

如何通过商业建筑营造城市公共空间的设计体会

● 伍 涛

对于城市公共空间的定义一般而言是指城市或城市群中，在建筑实体之间存在着的开放空间体，是城市居民进行公共交往，举行各种活动的开放性场所，其目的是为广大公众服务。

现代商业建筑的空间设计是一种在"自上而下"的城市格局下追求"自下而上"的空间感受的过程。城市公共空间的类型较多，但与商业项目较为密切的主要涵盖街道空间、城市广场、城市景观空间、重要节点地块。本文将通过多个案例分别阐述各自在商业建筑设计中的体会心得。

室外商业街区

银泰成都西部新城综合体项目的最大特点就是营造了一个富于中式情调的室外商业街区。其街区的设计中讲求与周边自然景观的融合、街道形态的地域性感受。

1. 有很好的地面通达性：传统城市公共空间都具有很好的可达性，它将不会是简单地对于商业动线的强迫要求，是营造令人舒适的步行场所的基本要求。

2. 起点和终点要有强烈吸引力——这样才能产生人流运动。

3. 要有连续性——有连续、多样的商业设施围合，避免中断，围合要有宜人尺度。连续的商业设施将强化商业空间与城市公共空间的结合，更好地营造一种商业的气氛和价值。

4.尽可能达到网络性——不是孤立一条街，而是形成交错的街道网络。

因此，对于街区的限定方式可以总结为划定物质边界、独特的街区个性和特色、功能和经济方面的关联性，这样的商业街区、街道设计才可能是真正具有自我存在的价值，反而使得商业价值依附于它，形成优质地段条件的商业可能。

商业化城市广场

深圳宝安壹方中心项目中主要关注点包涵对于室外商业中心广场的设计，营造一个面向城市的广场空间，形成城市生活的重要舞台。

1.设计视角的互换：商业建筑设计不能只是简单关注自持、可售的区域设计，应该更需要关注城市层面的室外空间的表达，积极创造良性发展的城市性公共空间。

2.商业化空间需要稳定的几何形式，重视建立场所的次序和视觉中心性。

3.包裹商业型广场的实体形态性质相近、肌理相近，符合人的认知需求：在营造城市商业空间时，采用相似手法比较容易强化人的空间感受。

4. 重视对营造商业氛围的虚体形态的有效规划。

景观商业空间

苏宁环球芜湖城市之光这个商业项目的设计中对于滨水的商业空间定义是主要的特点。项目强调滨水空间的城市公共开放性，商业界面的简化，通过创造一滨水商街、广场，将人与水的关系元素强化，使人们更愿意在水边停留。

1. 理解滨水边界和边缘对于传达场所的重要意义：水是一种积极活跃的元素，滨水的资源具有稀缺的商业价值，也是宝贵的城市公共空间资源。

2. 对滨水空间的开放性和积极性的描述：围绕滨水区域设计的街道和广场强调其城市的公共利益，所以不是简单的利用商业设施将其完全包围，而是合理控制容量。

3. 引入景观巡游的概念：在设计中将原本的商业街设计弱化，更希望能让人游走在景观中去实现其商业价值，滨水空间是线性的，所以滨水商业动线也将是线性的。

4. 对城市宝贵资源自然化的思想与生态性发展策略：景观的自然属性、可持续要求都应该在商业建筑的设计中得到尊重。

城市地标化类型

作为城市核心区域的商业综合体项目,宁波银泰中心设计着重对于城市性的公共广场、街道进行了详细规划,将商业层面与城市开放层面的空间叠合,在地下、地面和空中进行融合,形成立体化的城市生活场所。

1. 强调连接与游动的重要性:在城市核心区的公共空间中更多地体现着一种穿行与流动的价值,需要从城市核心区的特点着手,对动态空间和城市形态的理解转化为动线设计的依据,将商业动线真正与城市公共空间结合。

2. 运用视觉景观秩序的理念分析其与城市的关系:在城市核心区的商业形态需要注意到它能给人何种视觉感受,它是城市核心区的公共空间的背景还是主角?

总结

随着城镇化的不断推进,商业成为城市空间的主导要素之一的特点将会更加明显,将会体现出商业项目对街区价值整合、开放空间塑造、环境文脉结合等方面的意义。

12

解读城市

当驯化后的商业精神与城市

真的能普遍有机结合，

我们面对的将是一个

怎样的至臻境界？

— 余新海 —

第十三期轮席主编

商业精神与城市演进（节选）

●余新海

　　一座繁荣兴旺的城市背后，一般都能找到商业精神的支撑；但是反过来，并非只要凭借自由放任的"原教旨主义"商业精神，就能完全自发地让一个城市迈入"好"（不仅具有经济效益、还具有人文关怀和美学意义上的）城市的行列。

　　之所以如此，是原始的商业精神天生具有忽略一个城市的人文价值与道义判断之倾向，它将城市街区看作是仅用于买卖的抽象交易单位，用标准化的、可替换的"部件"有"效率"地规划一个活生生的城市，加速城市的拆、建乃至疯狂地向四周与高空无序蔓延（背后是资本的加速流动与增值）——只有天空与地平线是它唯一的极限线。棋盘式的生硬矩阵规划、车完全主宰人的连续线性规划乃至柯布西耶的"光明城市""住宅机器"，都是在此影响下的不经意之作。

　　原始而未经驯化的商业精神，将城市的规模扩张置于一个"上不封顶"的幻象——数字化的利润之上，却很少给人类自身留下一席之地，Mumford 的悲观不无道理。当放任这种商业精神发展到极致时，即使产生了经济效益至上的城市文明，也会十分空洞——其结果就如古希伯来人所言的：(浮华) 空之又空，天光之下一切皆空。只有受驾驭的商业精神，才能在量 (有序扩张) 与质 (有效提高居民福利) 两方面促进当代城市良性演进，而其特征正是自由——既允许居民与规划师在各个可能的潜在方向进行有益的尝试与创新，又不放任——将商业精神的原始拜物冲动置于一个能代表公众福利的公共权力部门的驾驭之下。

历史上，如果要找一个能将人文习俗准则、美学创造性、经济繁荣同受驾驭的商业精神有机融为一体的城市典范，那非阿姆斯特丹莫属。作为一个低地城市，因为地下水位很高，所以当地的建筑物必须建在地基上打好的桩子之上，这就使土地商不能随心所欲地到处建房，只能在市政当局的指导下，对城市的逐个地段进行有序开发；并且，早在 1565 年，当地就颁布了被实践证明卓有成效的建筑法。在这样的对于集体行动的有序安排下，原始的商业精神被巧妙的驯服并驾驭了起来，不由自主地走向了将商人利益与社会福利相匹配的崇高境地。事实证明，这种受驾驭的商业精神对于"好"城市的形成发展居功至伟：在城市规划上，阿姆斯特丹的一些新区，其秀丽优美登峰造极，三条同心运河所支撑起的城市骨架使整个城市开阔而紧凑、整齐而有序，以至于人们感叹世界上很难再能找到别的城市能像其一样在如此大的范围内把城市设计搞得如此井井有条；而在经济发展上，阿姆斯特丹在16世纪末已经成为欧洲商业中心，并于1602年、1608年与1614年率先成立了保险业行会、交易所与贷款银行，全欧洲的商人都希望将自己的货物托付给阿姆斯特丹安全又迅捷的销售与收款体系；这样的超然地位，一直到17世纪末期，仍是伦敦等其他作为后起之秀的城市难以望其项背的。当时的阿姆斯特丹，连同它在城市发展方面的竞争对手——代尔夫特（Delft）与哈勒姆（Haarlem），都表现出了这样一种最突出的共性：商业发展最快、人口增长最快的城市，只要能有效驾驭商业精神，也能按照计划有机、有序地取得最优发展（而非单纯数量增长）。

如果说某种程度上，阿姆斯特丹的例子具有天意安排（地势限制）的意味；那么，当代有忧患意识的规划师们则越来越主动地认识到城市建设需要与受驾驭的商业精神加以配合，并开始反思过去城市发展中的唯规模论、机械发展论等误区。发端于近几十年的"精敏式发展""紧缩型城市"等新城市发展观,以及在具体商业区(设施)设计中,更加着眼于静态商业空间、动态交易氛围(秩序)与城市生活形态(城市人的精神面貌)之间的良性互动,都代表了这种尝试的努力。

一个完整的城市是由空间形态、文化准则与治理秩序三者构成的,抽象的交易符号(货币)本身并不代表城市人的真实效用,当驯化后的商业精神与城市真的能普遍有机结合,我们面对的将是一个怎样的至臻境界?!

广场为何 & 谁之广场

● 余新海

一、节事、城市戏剧与广场

若把城市居民的生活内容分为两个层面的话，我觉得可以这样来理解：

一个是所谓的日常性层面，人们为了安身立命所必须付出的日常活动，包括家务劳动、生产活动与服务事业等，它给经济因素驱动的城市人（理性人）带来的效用是负的，要靠货币来加以补偿。

而另一个便是城市的戏剧化层面，在人的生理性需求得到满足后，人类之间的情感性对话与交往的需求就浮出水面了。于是，背景、环境、情节、高潮、解决，戏剧表演中的种种形式都自然在这一过程中进入了城市生活，此时，感受、激情等受荷尔蒙支配的非功利因素战胜了人的大脑理性算计——投入越多，得到的效用越高。一言以蔽之，节事活动，便是这种城市居民戏剧化生活层面的集中外化。

如果追问，在节事活动呈现的历程中，起到关键作用的设施——或者说，在城市人的戏剧化表演中，最能集中一览其角色丰富与情节跌宕的舞台——我觉得莫过于广场了，它不但是现代人造节事场所的起源，还衍生出现代社会中最重要的场所（其实称为制度更合适一些）——市场。因而在西方的建筑词汇中，很少有设施像广场一样有如此多的表意：plaza、forum、square、agora、agon、ecclesia 等。

广场定义了一座城市的向度，它既为我们安排了无意中的错失，也为我们设置了特定的遭遇；在广场上聚集起的人群中确实存在着一种可以称之为命运的东西，呈现了涨潮与退潮、热闹与荒凉的人文风景，所形成的广场情结和偶像崇拜要素正构成了城市戏剧的精华。每一个广场都是一个舞台，弥漫着酒神狂欢的气息。

故而西方有谚语云：不管恺撒的剑指向多远，罗马广场才是它真正的舞台。

二、从赛会到"城市之心"：广场的起源与演变

古代广场的最早起源，大约是将观众集中

在一起观看一场赛会或个人发表言论；也正因为如此，最初的广场尺度是以能听清一人大声演讲所能传达的范围为准的，而其地点一般选在一棵圣树下或者圣泉边。

在广场起源的过程中，另一件值得关注的事情，就是它与市场的有趣关系。随着物物互易的日见普遍，市场交换的对象便由意见的交流聚向到货物的交流，市场交换的主体也从发表观点的市民转变为供需双方，此时，现代意义的市场才大致从广场中分离了出来。

随着历史发展，广场功能也日趋多样化；从古罗马时代开始，广场的使用功能终于超脱了集会、市场等原始定义，逐步扩大到宗教、礼仪、纪念和娱乐等，广场也开始固定为某些公共建筑前附属的外部场地。在城市广场的精神内核中，虽然仍充溢了节事的表演欲，但是它所泛起的涟漪已经搅动了城市的一江春水。

广场，随着城市发展而最终变成了现代城市的"心脏"，起着疏导、凝聚与集合的作用。整座城市仿佛是围绕着它建造的，作为一切都围绕其转动的轴心，也成了现代城市设计的一个结构性原则——道路辐辏的圆形广场，辐射直线的星形广场——既是道路的终点，也是道路的起点，汇连无数大街小巷。在它的统领下，广场的周边汇集了呈现精神性的教堂、展示物质增产与富足形象的百货商店、作为金钱和权力象征的银行与政府办公大楼，当然，它也没有忘记为语言的消费与挥霍提供咖啡馆、书店这样小小的场所。

权力视角下的城镇制序变迁（节选）

余新海

　　王权与城市繁荣的这种晦涩的非线性关系维系了几千年，其中也不乏天时、地利、人和而共同造就的高度发达的文明；同时，王权政体也逐渐分化出了各种相对精细的城市的官僚管理体系——譬如，我国唐朝的城市管理模式就是纵向职能与横向沟通并行的双重结构，已颇似当代企业比较先进的矩阵式管理体系了，这一切都延缓了王权社会的衰老。一直到17世纪的英格兰，一种以商业利润主导的产权勃然而起，才改观了这种状况。如果细究其历程，就会发现在王权到产权的过渡中，一些偶发性因素起到了重要作用；说得严重一点，发生在17世纪的那场对于当今社会有根本性影响的权力转换竟是"命悬一线"的。

　　那场王权承认并尊重个人财产权利的革命，是由三个环环相扣的事件共同促发的。第一是王权内部因为权力纷争而导致的倾轧——15世纪末期，在博斯维斯战争中，兰开斯特家族的冒牌继承人亨利七世意外的战胜了查理三世，从而王权在握，但是为了消除上流社会对其继承王位的合法性的质疑，其家族开始有系统地剥夺权贵的土地来消除他们的威胁，而这直接导致了当时社会土地所有权的一次重新分配；第二，亨利家族为充实空虚的国库，开始将土地标价出售，土地资源最终被配置到了与土地联系更强且更有生产效率的自耕农手中，这部分人的中坚后来就发展成为介于领主与雇农之间的中间阶级，也就是所谓的乡绅；第三，随着这些乡绅个人财富的增长，他们不甘心再受到王权的盘剥——就像之前所常见的国王任意提高征税额、强制借款而不还等，共同的利益与相对强大的经济实力，使他们既有动力又有能力与王权博弈，这又直接导致了国王与其主要纳税人谈判的机构——议会的出现，国王在开征新的税收时要征得议会同意。至此，以商业利润为驱动、以个人财富界定为核心的产权便呼之欲出了。而借由这场革命，英格兰在与欧洲诸国的竞争中脱颖而出；半是出于主动模仿，半是出于被动应对竞争，这一套以权力制衡为特征、以产权界定为核心的现代民主代议制，终于以星星之火而成燎原之势。

在产权主导的时代里，城市的核心组织由朝廷（政府）变成了企业——一个利润至上的虚拟法人，尤其是有限责任制在法理上将法人与自然人的责、权、利脱离开后，企业的发展更无禁锢了。对应的，城市也因企业而变，不但在布局上更注重明确的功能分区，而且企业所迸发的原始力量，也将城市炸裂开来——城市疯狂扩张，城市群绵延一体，各种繁杂的机构打破城市容器、扩展到整个大地之上。

在产权主导的城市中，还表现出这样一种新伦理观：只有私人利润成为社会行为的最高评价标准，才能有效建立起来自由而平和的社会秩序；这个信条从来没有被之前的任何时代所接受，尽管利润动机一直是驱动人类行为的本能之一。我承认，这种城市伦理观有可能使社会追求理想的目标与手段发生混淆，但是，相对人类历史的其他权力形式而言，产权的优点也是明显的：

一、在现存渠道中，其他已知的权力实现渠道（如血缘、暴力、管制或是论资排辈等），都会给野心勃勃的权力追求者带来满足感，但是，这种满足感是建立在他将其他人踩在脚下的基础上的。对财产的支配权相对于对人的支配权，造成的社会危害要小。

二、面对当代的大规模组织生产，需要一个无所不知的拍卖人对于社会资产进行配置，才不至于使整个社会陷入混乱；这个拍卖人当然不是上帝，至少按照我们现在已有的知识，价格信号和货币选票可以使交易者在匿名的状态下完成这一使命。而整套价格体系运作的前提，便是产权界定，无主财产的租值一般会在竞争条件下发生耗散；同时，参与人是否是利润至上的，也决定了价格体系能否将资源配置得最优。

13

| 造 境 |

关系无处不在，

但『意味』却须苦心经营。

意味源自内涵。

— 胡 铮 —

第十四期轮席主编

造境 ● 胡铮

为什么造境？

在中国社会快速变革的洪流中，人与环境之间充满意味的密切关系往往被忽视甚至割裂。个体生命的存在感在宏观的社会变革中显得微不足道，环境危机引发了现代人的精神危机，大拆大建的浪潮推倒了人赖以存在的环境坐标，随之摧毁的还有人的记忆和情感。

重建个体生命的存在感，是缓解时代精神危机的可能途径，也是当代建筑学在微观生存环境的营造上，重塑和修复人与环境关系的核心目标。这是"造境"的开始。

怎样造境？

一、联系

造境的重点是建立建筑内外世界的联系。一方面是建筑与外部世界的联系；另一方面是建筑的内部联系。外部世界和内部世界通过建筑联系在一起，并且经由建筑，联系的层次和外延得到加强。人在此开放多纬的环境中不是孤立的封闭于一室，而是通过与环境的牵引互动获

得丰富并且意味深长的体验。

二、地点

造境应建立起与此地的关系。这些关系中包含有显性的部分，如某一地点的地形和气候特征；同时也包含有隐性的部分，如地点所承载的生活，以及衍生出来的特殊的地方文化。举例来说，中国传统住宅类型通常被笼统地描述为合院式住宅。其实细分下来，各地差异很大。从北方四合院到岭南围屋，院落比例尺度的改变，反映出建筑与气候的密切关系，同时也塑造出不一样的生活方式。

三、边界

边界是造境的起点。造境伊始，需要划定边界。边界所包含的世界，有明确的物理存在，即境域。境域是人有目的建造的结果，因此必然带有人的主观意识的影响，而人归宿于其由来的文化，在这个意义上，境是文化的表达。因为境都是建立在一定的边界之内的，是具体和有限的，对于宏大的文化观念和价值主张的表达，必有见微知著的暗示性。如同中国古典园林中以小见大的方式，片石勺水，即可想见峻岭汪洋。

四、尺度

境依存于恰到好处的尺度感。境的宏大与微深，不仅关乎建筑内外世界联系的物理尺度，也关乎心理尺度。物理尺度是空间形式的绝对量值，反映的是抽象的几何数量关系。心理尺度是物理尺度投影到人心理上引起的尺度感，反映的是空间形式与人的相对关系。建筑从来不是孤立的，而是处于错综复杂的联系之中。心理尺度的判断依赖于建筑与环境的对比联系。作为参照物的环境尺度，在某种程度上，决定了建筑的尺度感。也正是通过尺度，建筑与环境建立起最基本的联系。

五、类型

从结构体系的选择上看，东西方文化分野下的建筑类型观不同。西方建筑的类型与差异化的结构类型相呼应。在古罗马帝国广场建筑群中，神殿、巴西利卡、广场、住宅等各具有独特的结构形式。而典型的中国传统建筑，如宫殿、坛庙、住宅，往往采用类似的结构形式及空间构成方式。

从生活方式的组织来看，按照阿尔多·罗西

（Aldo Rossi）的说法，一种类型对应的是一种特定的生活方式。类型从生活中提炼而来，反过来也必须在其所归宿的特定生活才能从中获得适当的应用。比如热带地区深远的挑檐是获取阴影和舒适的室外空间的通用形式，但到了寒冷的北方地区，这种建筑类型却不太常见，这是适合气候和当地生活的自然选择。

六、几何

创造出有意味的空间形式是造境的重要目标。抽离实际建造的因素，从抽象思维角度看，空间形式的创造是纯粹几何学的问题。空间形式的几何性不仅包含数理属性，也包含有文化属性。一方面，有意味的空间形式须具备严谨连贯的几何逻辑；另一方面，也须承载和表达几何背后的人文思想。

七、技艺

从技术层面上来讲，造境有两方面的内容：一方面，建筑自身是一个完整的体系，空间、材料、结构和设备相互合成，孤立的表现其中一个元素既不必要，也不合理；另一方面，建筑体系与外部环境必须结合起来，或者贯通流动，或者互补映衬，形成一个更大的整体。有了这个技术前提，思想、情感的表达以及价值观的揭示才有可能。

造什么境?

人与环境之间意味深长的关系经由造境建立起来。关系无处不在，但"意味"却须苦心经营。意味源自内涵。从本质上讲，境的内涵来源于存立于世的人的生活方式和态度。人在与环境的对峙、和解中确立立身之所。环境有现实的面向：经济的、社会的、意识形态的以及空间关系上的。环境也有历史的面向：传统的、文化的、语言的。无论承认与否，每个人都无法割裂与现实和历史的关系。**我们承续历史，切入现实，在当下将与两者的关系固定下来，并将此关系带向未来。**

建筑的自然
——第二自然

●蔡迅时

三个场景

场景一：走下电梯，穿过一个长长的隧道，X 先生按了一下墙上的开关，这是他的会客厅，四周都是玻璃墙，里面灌满了海水，各种海底生物环绕游弋，居住其中宛如身处海底世界。这是电影 007 中的场景，空间蒙太奇的手法使得自然以一种出其不意的方式介入建筑之中，某种程度上电影比真实的建筑更快预测着将来。

场景二：瑞士伊凡登勒邦城新城堡湖畔，一团白色的云漂浮在湖中，一群穿着雨衣的游客兴致勃勃地走进这团云中，这不是真实的云，而是 Diller Scofidio 为 2002 年瑞士国际博览会设计的名叫 BLUR（模糊）的展厅，馆的外墙装了 3.14 万根高压喷水管，通过喷雾，Diller 成功地模糊了建筑与自然现象的界限。

场景三：广州珠江新城中心区，Zaha 的广州歌剧院，流动的外形冥冥中昭示着自然的力量，室内室外空间不断交错变化，这样一座异形的建筑物其实和环境并无冲突，在周边矩形的高楼包围下，你觉得喘了口气，这种看似与周边环境矛盾的建筑反而与环境形成高度和谐。

三种图底关系

城市，建筑和自然的关系一直在变化着，随着人类文明发展的不同阶段，他们之间呈现出三种图底关系：

1. 远古时候由于人类力量的弱小，为了逃避猛兽和自然灾害的袭击，城市及建筑本身更多地呈现一种防卫的姿态，这时从图底关系来说，建筑是图，自然是底。建筑是一个避难所，更多的是这一层次上的意思。这种图底关系下人类更关心的是自身的安全感。

2. 其后随着人类的发展，城市和自然之间形成一种均衡关系。我认为这时候的城市与自然的关系是一种和谐的关系，比如苏州园林。

3. 而随着人类力量的过度强大，粗暴的征服自然，建筑及城市呈现出巨大的尺度，自然越来越沦为城市的附庸。这时图底关系反转，自然是图，城市是底。

在自然与人工之间还有另外一种自然，我们称它为第二自然。第二自然是指用建筑及规划的手法创出的另一种自然，第二自然非自然，非建筑，是自然与建筑的间隙。它通过室内外的反转，空间错位以一种蒙太奇的手法解读着当代都市与自然之间的关系，使得人工不那么人工，自然不那么自然，唤醒了人类由于长期被人造物包围产生的对于自然野趣的渴望，最终自然而然地模糊了两者的界限，从而达到建筑与自然的新的平衡。在高容积率的城市环境中，一种拟态，一种人工化的自然，在这里诗意的栖居成为一种可能。

三种方式

在如何营造第二自然方面，笔者通过多年的时间做了如下三种方式的尝试。

1. 消隐：在自然环境良好的情况下，让建筑以谦卑的姿态呈现，消失在自然环境中。消隐有退让、拟态、伪装等几种方式。

2. 植入：在高容积率，高密度，高人工化urban concentration 的环境中引入自然。植入分两种:(1) 在高度人工化（建筑的高密度，车的高密度，人的高密度）的环境中植入自然元素或自然形态，高度集中的都会城市往往会利用这种方法，比如纽约在方格网状的城市肌理中引入 3.41 平方公里的中央公园，柏林在市中心引入 35 公顷的动物园。(2) 在室内环境中引入自然元素，从而形成空间反转。

3. 共生：共生是一种建筑或城市与自然环境

的最佳关系。树居是在斯图加特大学的一个课程设计，选址在澳大利亚 Wye River 的一片树林里，给两三个人度假用的小房子，为了最大限度地利用这片自然景色，我们的概念是飞舞的树枝形成一个包裹人起居的空间。整个结构用三四根木柱支撑起来，形成一个空间桁架结构。这种结构可以使得树屋在树林的空隙中向各个方向延伸，从而不需要砍伐太多的树木。

结语

如何创造第二自然，创造第二自然还有那些手法，我们一直都在不断地摸索中，正如黑川纪章说的那样，日本传统文化讲究借景，于是大家纷纷绞尽脑汁去想怎么去把好的景色借到自己的房子里面来，殊不知随着丑陋的建筑越来越多，产生了无景可借的困局。这种情况下，不如做一种建筑物，能够被别人借景，这种意义可能更为重要吧。

重回木构

● 韩晓峰

背景

在林业资源丰富，人口数较少的历史时期，木材是极容易获取的材料，因而一直作为主要的建筑材料。'土'与'木'是东方传统建筑中的主要材料，中国古代一直承袭以木为支撑结构以土为维护界面的建筑体系，该体系中材料的建构逻辑清晰，延续了数千年的历史，有保存至今的大量建筑遗产。与之相关的留存至今的关于木结构建造技艺的书籍也很多，如《营造法式》等。然而，在过去的一百年中，人口急剧增加导致的建筑需求量的剧增，使得混凝土、钢、铝材等工业材料成为主要建筑材料。工业化的生产系统因为其具有许多优势，造就了覆盖全球的理性现代主义建筑。但是，这些建筑是冰冷的。只有极少数像密斯·凡·德罗这样的大师在其设计的钢铁建筑中，赋予了工业化建筑材料以生机和活力。而多数的现代主义建筑师们，虽然在建筑的外表覆盖了花岗岩、大理石、玻璃，但是这些表面材料除了使得这些建筑看起来美观，没有其他用处。现代建筑总以方盒子的体型置于地表，自然界的山丘和小河流总是被夷为平地。随着人类生存的气候环境、城市建筑景观逐渐恶化，人们对现代建筑普遍产生怀疑，建筑师试图发现不同于现代建筑的设计方法，木材建造的建筑是非常重要的一个发现。只要合理地进行采伐，木材是可再生的材料，并且木材经过一定处理可以有很好的耐火、耐腐蚀性能。有不少国家，例如日本出于抗震的需要，一直未放弃木材在建筑中的使用。设计中充分发挥木材所具有的很多内在特质，可以很好地减少建筑的碳排放对全球环境的影响，木材比钢材更有利于地球环境的改善和可持续发展。并且木材具有生命力，它是温暖的，人们看到木材就想去触摸甚至去闻。

建构

"建构"一词的英文"tectonic"，其字面含义亦可直接理解为"木构"。一百多年前，德语的现代建筑之父森佩尔（Gottfried Semper）在提出"建筑四要素"原型时，即将木构与"四要素"之一的屋顶遮蔽（roofing）相对应。在这里，木构不仅指向一种特定材料，也指向一种材料架构。这种架构可以用来遮蔽或容纳人类最初的聚居活动，其相关案例遍布世界各地。森佩尔的原型取自于加勒比地区的原始棚屋。而在中国古代，则另有一套独到的木构架建筑系统，它曾经构成了我们的生活环境，联系着我们的感知和经验。

今天，现代技术和工业化生产催生了大量的钢筋混凝土丛林，已构成今日中国城市之主体环境。在此环境下，传统的木构一度或仅见于历史保护区域，或仅充作局部舞台布景式的怀旧，这多少反映出今日中国木构的某种窘境。而在全球范围内，木构建筑在不少地区，尤其是在居住建筑中，仍旧有着大量的延续和保留，并逐步发展为现代木构。其中包括一个多世纪前北美开发者所发明的轻型框架（balloon framing）系统：采用规格木材（成型的小尺寸木料）和钉子自主搭建房屋，以适应低成本的生产运输和建造条件。这一系统与工业化生产结合，以其轻巧和便利得以推广和延续，成为今天在北美以及其他地区(如日本等地) 广泛采用的一种现代木构体系。

小建筑

中国近几十年的快速城市化，造就了大量的建筑物体，无疑这是人类文明史上的奇迹。但是对于建筑学而言，设计与建造的分离造成了设计师群体无法找到曾经的作为建筑师的归属感。各层级的设计机构中，大量的把方案投标和施工图绘制分为不同的部门，各司其职。这带来了工作的效率，但是却造成了建筑学根本的危机，建筑师的工作对象是图像，而不是材料。小建筑虽然不是当下建设的主流，但是因其规模小，建筑师可控制其设计到建造的整个生命过程，因而具有更多的建筑学价值。木构在小建筑的设计与建造中具有巨大的潜力。木材材质的温暖感，并易于加工用于任何形式的建筑和空间。以刚刚完成的奥地利克伦巴赫小镇公交站项目7座抢眼的汽车亭小建筑为例。多为顶级设计师选择了木构。设计师都是当今世界级的建筑师：王澍、藤本壮介、Smiljan Radic 等。其中中国建筑师王澍说："这不仅仅是一个公交站候车亭，它像一个能坐人的 120 SLR 折叠相机，采用当地木材和工艺建造，倾斜屋檐与对称性内部空间强烈对比，有一种象征性的意义。"

木构实践

笔者在 2013 年暑期主持了东南大学建筑

学院与加拿大不列颠哥伦比亚大学的国际联合设计工作坊'建构的木材'，以规格化木材为载体研究了木材在建构的空间与形体表现方面的潜力。在设计之初，和加拿大指导教师 Annalisa Meyboom 为该课题设定三个目标：一、在选定的校园内一块场地上设计并建造由规格木材（断面尺寸为 2×4 和 2×6 英寸）搭建而成的亭子。最大高度小于 3.6 米，宽度小于 4 米，长度根据场地现状自行决定。二、木头亭子必须形成一定的遮蔽空间。也就是说，不允许单片墙体式的构筑物。两个目标隐性地设定了建筑学中空间与材料这两个基本的主题。三、必须可以建造，这弥补多少可以弥补当下建筑设计教育中设计与建造分离的弊端。

亭子由两片双曲面的木墙互相交接，形成外形圆润的穹窿形木亭。曲面形式连接了场地内外空间，引导校园人流穿过亭子进入院子，穹顶覆盖下的空间引人驻足、观赏。并且彩虹形外观成为校园空间新的标志性物体。

木材是最佳的可再生材料（在一定的生长周期内）。依靠当代木材加工技术，对其性能加以改进和提升，从而在建筑设计及建造中发挥出木材更大的潜力，木构是当代建筑材料、建筑结构、建筑设计等多学科应该合力关注的又一热点话题。

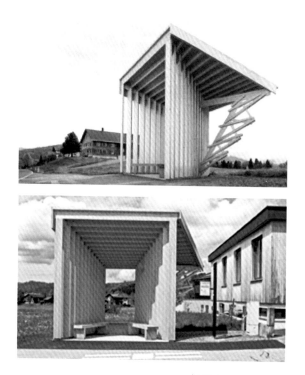

14

合作与升级

建筑可以辉煌，

但永远不可能高过自然界的山峦。

那些被称为传奇的，

无不是因为传奇的故事发生在其中。

— 吕 强 —

第十五期轮席主编

— 刘 慧 —

第十六期轮席主编

和建筑师们说几句

● 齐洪海

吕强给我布置这个任务，对我来说是个机会。借助这个机会，作为照明设计师，甚至代表愿意被我代表的其他照明设计师，和建筑师们说几句。

一

我年轻的时候学过建筑当过建筑师，知道建筑师骨子里都比较骄傲，把自己的位置摆得比较高，尽管大家在业主面前都是混口饭吃的。把自己的位置摆得比较高，就容易做出一些错误的判断，具体到照明设计，建筑师经常会抛出一些要求或者观点，像个任性的孩子。

几年前遭遇过一个大名鼎鼎的德国建筑师，给他做照明顾问。大师也是坚决不能看见灯。因为是大师，显得没什么商量的余地。走投无路，我只好找出近一百年来比他厉害一万倍的，是建筑师顶礼膜拜的建筑大师们设计的房子的资料拿给他看，向他证明一点，建筑里是有看得见的灯的，即使是在那些大师设计的房子里。面对比自己厉害的大师，德国大师接受了。

其实从道理上不难说清楚。房子里一定会有

灯，在正常的视点上看得见的和看不见的。要想让灯设置在看不见的位置，把光投射到看得见的空间，灯具的设置需要建筑的配合，投出的光在分布和强度上会有相应的局限，因为通常是反射光，或者光的投射方向受限制，或者隐藏灯具的空间受限制，不可能为所欲为。照明设计需要建筑设计的支持，更重要的，需要建筑师用照明的规律去思考，把照明放在整个建筑设计里思考。况且，看见灯，很难接受吗？任何东西都有表达自己存在的权利。灯也一样。建筑里有看得见的灯，建筑就变丑了，说明设计师的水平不行，或者设计师的审美太窄。灯，就像通风口，就像音响，就像标识，就像任何一个建筑构件，可以体面的存在，甚至可以成为表现的主题。

比起前一种任性，还有一类建筑师，应该说还是负责任的，有自己对照明的明确的打算甚至做了完整的照明设计。但是可能产生两种坏结果。第一种坏结果是浪费了照明设计师的专业意见。建筑师可能觉得我自己的东西我自己最清楚应该怎么用光来表现，但是照明设计师毕竟每天都在针对性的研究用光来表现建筑这件事儿，所以也许，至少可以，给建筑师提供更多的可能性。第二种坏结果可能更坏，就是建筑师对照明的考虑都很好，但是由于成本观念的单薄，特别是对灯具的价格不熟悉，导致实现某种特定的照明效果要花很多的钱，多到业主负担不起。这种情况下，要么改设计，要么买长相近似，照明效果完全达不到要求的便宜货。很多建筑师会选择后者，导致照明设计的实现度很低，效果很差。

二

很多建筑师在照明上的考虑一直都是照明设计师学习的对象。把自然光和人工光放在一起。比如 Siza 做的图书馆，把投光灯放在天窗外面，自然光和人工光从同一个入口进来，交替和过渡，由此创造出在自然光和人工光分离状态下无法企及的神性。

这么多这个级别的大师都采用了类似的设计手法，我们得重视。把光的设计当成建筑设计本身。比如康的 Kimbell 美术馆，整个屋顶就是一个照明系统，用来精确的导入自然光，结合提供人工光。密斯的西格拉姆大厦，整个建筑临窗的天花板做成发光顶棚，实现史上最纯净的内透光，至今无人超越。灯具设计发烧友 Aalto 设计和使用了大量被奉为经典的灯具，显然，他不可能认为暴露的灯具是丑陋的。和他的设计相比，今天的大部分灯具设计都显得既不够本质，也不够放松。

言归正传。大师做出旷世之作的时候，身后也有助手。比如前面提到的康的 Kimbell 美术馆和密斯的西格拉姆大厦都有一个共同的照明顾问，叫 Richard Kelly。

我一直都觉得建筑师应该自己来做照明设计，照明设计师这个职业应该消失，照明才能做好。如果现实是一时还顾不上，那就试试找一个照明顾问。

水立方 APEC 国事活动室内升级设计

● 王敏

在从事国家游泳馆水立方设计 10 年之后的 2013 年底 2014 年初，我接到了水立方业主的召回通知。水立方被选定为第 22 届 APEC 会议的晚宴场所，作为水立方当年的主创人员之一，我及我的团队 STUDIO A+ 应邀负责水立方部分重要空间的改造升级设计。

十年之后的设计既不能重复当年，又不能偏离昔日的初衷太远。更为挑战的是，作为国事活动的场所，这个不同于人民大会堂、钓鱼台的前卫现代空间，如何在保持自身特色的同时，兼具端庄优雅的现代气质，和传统神秘的东方文化底蕴成为亟待解决的难题。

在回顾水立方设计理念后，我们制定了此次升级设计的原则。

首先，不能失掉水立方自身的审美特点。因为此次国事活动地点选定的是水立方，我们认为同时被认可的是水立方的空间语言，将这里改编成任何一个传统的国事接待场所都是不可取和拧巴的做法。

第二，基于水立方的个性，从轻松、亲民的角度去诠释东方特点。水立方在设计之初就被充满激情而又无比单纯地定义为"一个全面关于水的房子"，作为一个"容器"，她将容纳一切人与水相处的快乐。我们远离了表现大国威仪的"汹涌澎湃"或"叱咤风云"类型的水，去除一切震慑力和压迫感，更不会搬出老祖宗的成就来说事。我们决定回归"上善若水"的"不争"境界，这也是一种对自然的回归。

在一系列永久性升级设施中，中方 VIP 贵宾室算是重中之重。之前的水立方并没有一个进行高端接待的场所，此次设计将为这个场馆填补一个空白。

1. 将代表贵宾尊严的传统红地毯改为水蓝色地毯，不仅如此，地毯的蓝色还爬上了墙面和天花板，令整个贵宾室笼罩在浓浓的"水意"之中。

2. 将传统贵宾室的华丽水晶吊灯替换为与水立方结构体系异曲同工的水泡状灯团。透明璀璨、隆重华丽而充满现代气息。

3. 纯现代空间里仅用了浓墨重彩的一笔——4 米见方的大型双面苏绣，点亮东方主题，也点亮整个空间。苏绣的题材选择了平民百姓的爱物——金鱼，以一种更加低调、平和的姿态展现现代中国的亲切、自由与幽默感。苏绣的绣布是网状织物，在灯光照射下是半透明界面，两条红色的金鱼仿佛浮游在空中，或嬉戏在蓝色的"水意"空间一般。

4. 以往的贵宾室大多是"黑房间"（无自然采光）。在水立方这个充满柔和自然光线的方盒子里，我们希望贵宾室在保证足够视觉私密性的同时，能够拥有自然光带给人心理上的舒适与愉悦。

"水泡"外壳笼罩下的水立方内部楼体，在十年前就被定义为如同冰川一般圆润、洁白的实体。白色为楼体的主色调，所有转角处都做了半径为 150 毫米的圆角处理，这些"软化"了边界的体块与圆润的泡泡外壳形成良好的对话，对内部半裸的游泳者们也是一种体贴与关怀。此次升级在保持这些基本特征的前提下，将楼体外表面材料改为半透明人造石材，一来界面整体性更强，二来在内部灯光照明的作用下，有种像冰一样剔透的视觉效果。

位于比赛大厅南侧的一系列大型公共卫生间，在过去的几年中被大量来访者频繁使用，已是失修状态，急需升级。此次国事活动为几百名各经济体高级官员所使用。我们仍然沿用白色空间中散溅水滴的主题，进行简约处理。在纯白的空间中引用粉色和蓝色两种颜色光标识两种不同的性别空间。色光仅为卫生间渲染环境气氛，在镜前及厕位处会有定点的补光照明，为使用者提供舒适的光环境。镜面的简练实用也为空间增添了几分神秘和趣味性。

建筑的气氛、体验和融合

Angela Garre Garcia

彼得·卒姆托在他的书 *Atmospheres* 提到建筑氛围指的是密度和氛围。这种存在感，幸福、和谐、美妙的感觉是我曾经历过的。

在彼得·卒姆托在德国设计的 Bruder Klaus 教堂这个例子中我们可以了解到如何从建筑环境和室内表达的协调性中获取这种建筑氛围和建筑体验。为了能设计一个与生活有着感性联系的建筑，我们必须考虑一种远超其形式和建造过程的方式，这种方式很适用于彼得·卒姆托的设计，尤其是这个小教堂，人们必须要超越形式和建造。卒姆托在设计这个教堂时曾这样评价：它是一个神秘的能激发人思考的建筑，外面被严肃的矩形体量包裹。最终演变为一个极具标志性的优雅建筑，成为德国自然景观上的一个亮点。

最有趣的就是教堂的建造方法，从 112 根树木搭成拱形开始，在其外面一层一层浇筑混凝土，当混凝土干了后熏烧内部树木，留下了凝固住树木味道的内壁。

正如卒姆托曾说的那样"对于我来说，建

筑有一种使我把镇静、自明性、持久性、存在、正直、温暖、知觉这些属性与之联系在一起的美丽的宁静；建筑就是作为它自己，作为建筑，不代表任何东西，仅仅是作为建筑。"

另一个融合与简单而且充满力量的例子，西班牙的 14 Vinas Winery 酒庄。酒庄的出现是作为一个独立的建筑有着非凡的特色。因为它的建筑使用和位置要在一个象征性的环境中体现。它提出了一个优秀的景观解决方案使其降低对环境的影响，这种方案的适应性是通过建筑规模和主导风景一样的景观色彩来控制的。酒庄坐落在光滑的山顶，主导景观和酒园的南部。同时酒厂是废弃的，这前后情况使项目两极分化，并且南北两面很不同。空间需要在象征性的平面有朝南开放的视野，而工业设施被保护在建筑的偏北部分。这样的项目，作为一个工业建筑，达到和谐地与周围的元素融合只有酒厂。

另外一个关于体验、环境和气氛的例子也是一个教堂，它就像场地中一座雕塑。教堂在西班牙 Madridejos 的 Valleaceron。除了景观之间的密切关系，空间和物体之间的路线，每个项目必须提供一个不同的重点，从最有象征意义的到最私人的。统一的联系是折叠的概念：这种折叠的概念是一个隐藏的原动力。教堂采用天然原始设计手法和减少人工照明的使用。内部外空间关系决定它的着眼点和意义的只有一个十字架和一个图像的焦点，凸显了项目的象征性特征。

这种盒子中折叠的感觉，柯布西耶式"boîte"，上升成单一材料：金色的混凝土抓住了所有的空间需求的细微差别，从散开的直射光像一个在螺旋形空间里增加的平面，来传递一种不稳定的，有黄昏色彩韵味的感觉。光因此成了教堂的第二种材质，与混凝土相比，它是脆弱的、易改变的、移动的、不稳定的、正在产生或消失材质。

总之，一个好的建筑首先应该满足融合、气氛和体验感的要求。因为我们为了陌生的使用者设计建筑，为了融合人们的感受与建筑而设计，为了让人们的生活更舒适和健康而设计。

体育回家

● 解越

　　刚刚结束的世界杯让全球人血脉贲张了一把，激情退却之余，生出些许对体育的想法。1996年英格兰欧洲杯的宣传标语——足球回家，大英帝国自诩为现代足球鼻祖。

　　足球的家在哪，是在古板傲慢的英格兰，还是热烈奔放的巴西，本应由足球说了算，其他人等无权置喙。**足球怎么说？在哪里能给人们带来快乐，哪里就是足球的家。也许，体育概莫如此。**

　　为什么说这些，因为我想起了这样一个故事——坐落在里约热内卢的马达卡纳体育场，也被称为马拉卡纳大球场，为举办1950年世界杯于1948年开始兴建，完工时容纳观众的数量达到了惊人的20万！

　　这20万观众的待遇大相径庭，其中15万是妥妥的坐席，另外5万是当时球场必不可少的站席，而这5万站席里，有将近一半，也就是约2万人，其视线是在场地标高之下的！也就是说，这2万位压根就看不见场上发生了什么。

　　咱们先把这事的直接间接责任人放在一边，单说说这2万多人干嘛去了。为什么他们情愿花时间、花精力，甚至于花钱（当然也可能不花，待考），和一大堆人挤在一起，去"看"一场根本看不见的足球赛？其实很简单，因为足球在那，他们跟足球在一起！只要那里有足球，有比赛，甭管是蹲着、站着、挂在树上、骑在屋顶，他们都能体会到足球或是体育运动给他们带来的欢乐，这就够了。

说到这，让你想起了什么？是否想起了我们的体育场、体育中心、体育城？

一个 300 万人口的中部地区地级市，真的需要一个由悬挑 45 米钢结构罩棚环装覆盖，拥有 4 万注塑硬椅坐席、200 媒体记者席、80 主席台贵宾席的"甲类"综合体育场吗？所有这些大兴土木后面，给当地的体育爱好者、运动团体、民间体育活动带来了什么？

当我们站在崛起于神州各处，各领风骚，却与我们咫尺天涯的超级场馆面前时，相比那些在马拉卡纳，却永远看不见比赛的球迷，不知那一股悲哀会从谁的心头奔过。

建筑可以辉煌，但永远不可能高过自然界的山峦。那些被称为传奇的，无不是因为传奇的故事发生在其中。

体育，该回家了。